新农村建设丛书

测土施肥技术

宋玉文　吴景鸿　潘巨文　主编

吉林出版集团股份有限公司

吉林科学技术出版社

图书在版编目（CIP）数据

测土施肥技术 / 宋玉文，吴景鸿，潘巨文编．
—长春：吉林出版集团股份有限公司，2007.12（2025.1 重印）
（新农村建设丛书）
ISBN 978-7-80762-142-3

Ⅰ．测…　Ⅱ．宋…　Ⅲ．①地肥力－测定②施肥
Ⅳ．S158.2．S147.2

中国版本图书馆 CIP 数据核字（2007）第 188840 号

测土施肥技术
CETU SHIFEI JISHU

主　　编　宋玉文　吴景鸿　潘巨文
责任编辑　李婷婷
开　　本　850mm×1168mm　1/32
字　　数　136 千
印　　张　5
版　　次　2007 年 12 月第 1 版
印　　次　2025 年 1 月第 12 次印刷
印　　刷　三河市元兴印务有限公司

出　　版　吉林出版集团股份有限公司
　　　　　吉 林 科 学 技 术 出 版 社
发　　行　吉林出版集团股份有限公司
社　　址　吉林省长春市福祉大路 5788 号
邮　　编　130000
电　　话　0431-81629968
电子邮箱　11915286@qq.com
书　　号　ISBN 978-7-80762-142-3
定　　价　29.80 元

出版说明

　　《新农村建设丛书》是一套针对"农家书屋""阳光工程""春风工程"专门编写的丛书，是吉林出版集团组织多家科研院所及千余位农业专家和涉农学科学者倾力打造的精品工程。

　　丛书内容编写突出科学性、实用性和通俗性，开本、装帧、定价强调适合农村特点，做到让农民买得起，看得懂，用得上。希望本书能够成为一套社会主义新农村建设的指导用书，成为一套指导农民增产增收、提高自身文化素质、更新观念的学习资料，成为农民的良师益友。

目　录

第一章　测土配方施肥理论 ……………………………… 1

　　第一节　测土配方施肥的概念 ………………………… 1

　　第二节　测土配方施肥的基本理论 …………………… 2

　　第三节　测土配方施肥应遵循的原则 ………………… 10

第二章　作物生长发育需要的营养元素 ………………… 12

　　第一节　大量元素营养 ………………………………… 12

　　第二节　中量元素营养 ………………………………… 17

　　第三节　微量元素营养 ………………………………… 22

第三章　测土配方施肥的实施步骤 ……………………… 33

　　第一节　田间试验 ……………………………………… 34

　　第二节　土壤测试 ……………………………………… 47

　　第三节　肥料配方设计 ………………………………… 56

　　第四节　校正试验 ……………………………………… 62

　　第五节　配方加工 ……………………………………… 64

　　第六节　示范推广 ……………………………………… 64

　　第七节　宣传培训 ……………………………………… 65

　　第八节　效果评价 ……………………………………… 67

　　第九节　技术创新 ……………………………………… 75

第四章　各种主要作物需肥特性与配方施肥技术 ……… 76

　　第一节　玉米需肥特性与配方施肥技术 ……………… 76

　　第二节　水稻需肥特性与配方施肥技术 ……………… 84

　　第三节　大豆需肥特性与配方施肥技术 ……………… 92

　　第四节　马铃薯需肥特性与配方施肥技术 …………… 99

　　第五节　花生需肥特性与配方施肥技术 …………… 105

　　第六节　西瓜需肥特性与配方施肥技术 …………………… 111

　　第七节　白菜需肥特性与配方施肥技术 …………………… 113

第五章　主要肥料的特性与使用 ……………………………… 117

　　第一节　氮肥的特性与使用 ………………………………… 117

　　第二节　磷肥的特性与使用 ………………………………… 121

　　第三节　钾肥的特性与使用 ………………………………… 127

　　第四节　复混肥的特性与使用 ……………………………… 132

　　第五节　新型肥料的特性与使用 …………………………… 136

　　第六节　有机肥的特性与使用 ……………………………… 142

第六章　肥料的标识和鉴别 …………………………………… 147

第一章　测土配方施肥理论

第一节　测土配方施肥的概念

测土配方施肥是以土壤测试和肥料田间试验为基础，根据作物需肥规律、土壤供肥性能和肥料效应，在合理施用有机肥料的基础上，确定氮、磷、钾及中微量元素等肥料的施用数量、施用时期和施用方法。

通俗地讲，测土配方施肥就是在农业科技人员指导下科学施用配方肥。我们也可以从测土配方施肥字面上理解为：测土（取土化验）——配方（根据化验结果提供施肥配方）——施肥（按照配方提供的施用数量、施用时期和施肥方法科学施用肥料）。测土配方施肥打个比方就好比病人到医院看病：首先医生让病人检查化验（这相当于取土化验），之后医生根据检查化验结果作出诊断并给病人开药方（这相当于配方），病人按照药方抓药并按照药方规定用药的时间和用药的数量来用药（这相当于施肥），最后病人痊愈（农民按照测土配方施肥最后获得丰收）。

测土配方施肥技术的核心是调节和解决作物需肥与土壤供肥之间的矛盾。同时，有针对性地补充作物所需的营养元素，作物缺什么元素就补充什么元素，需要多少就补多少，实现各种养分平衡供应，满足作物需要；达到提高肥料利用率，减少肥料用量，提高作物产量，改善农产品品质，节省劳力，节支增收的目的。

第二节　测土配方施肥的基本理论

测土配方施肥以养分归还（补偿）学说、最小养分律、同等重要律、不可代替律、肥料报酬递减律和因子综合作用律等为理论依据，以确定不同养分的施用总量和配比为主要内容。为了充分发挥肥料的最大增产效益，施肥必须与选用良种、肥水管理、种植密度、耕作制度和气候变化等影响肥效的诸多因素结合，形成一套完整的施肥技术体系。

一、养分归还（补偿）学说

作物产量的形成有 $40\% \sim 80\%$ 的营养来自土壤，但不能把土壤看作一个取之不尽、用之不竭的"养分库"。为了保证土壤有足够的养分供应容量和强度，保持土壤的携带与输入间的平衡，必须通过施肥这一措施来实现。依靠施肥，可以把被作物吸收的养分"归还"土壤，确保土壤肥力。

养分归还学说是李比希提出来的。1837 年，李比希应英国化学促进会的邀请到利物浦做了一次"当前有机化学和有机分析"的报告，后来以这篇报告为基础出版了《有机化学在生理学及病理学上的应用》。但这本书并没有引起人们的注意，直到 1840 年出版的《化学在农业及生理上的应用》一书很快被法国、英国、美国、丹麦、荷兰、意大利、波兰和俄罗斯翻译，才引起人们的重视。李比希在该书的第二部分"大田生产的自然规律"中论述了植物、土壤和肥料中营养物质的变化及其相互关系，较为系统地阐述了元素平衡理论和补偿学说。他把农业看作是人类和自然界之间物质交换的基础，也就是由植物从土壤和大气中吸收和同化的营养物质，被人类和动物作为食物而摄取，经过动植物体自身和动物排泄物的腐败分解过程，重新返回到大地和大气中去，完成了物质归还。李比希提出的归还学说原意是："由于人类在土地上种植作物并把这些产物拿走，这就必然会使地力逐渐下降，从而土壤所含的养分将会越来越少。因此，要恢复地力就必须归还从土壤中拿走的全部东西，不然就难以指望再获得过去那样的产量，为了增加产量就应该向土地施加灰分。"分析学说的内涵应包括以下几个要点。

随着作物的每次收获，必然要从土壤中带走一定量的养分，随着收获次数的增加，土壤中的养分含量会越来越少。科学研究已经证实，植物体内的营养物质主要包括无机营养和有机营养，而这些营养物质的形成有赖于植物对矿物质的吸收，各种物质形成的任何经济产量都需要一定数量的矿质养分。例如，冬小麦在7500千克/公顷产量水平时，每形成100千克籽粒需要吸收氮、磷、钾分别为3千克、1.25千克和2.5千克，而这些养分多数是从土壤中吸收的，并随着小麦籽粒的收获，会从土壤中移走。其他作物生产和土壤养分之间的关系也是同样的。因此，作物产量越高，种植时间越长，带走的养分数量就越多。

若不及时归还作物从土壤中带走的养分，不仅土壤肥力逐渐下降，而且产量也会越来越低。农业生产实践中，土壤钾素肥力的演变能够充分证明李比希归还学说上述内涵。据林葆、范钦桢等人的研究，我国土壤钾素肥力的演变经历了一个由不缺乏到缺乏，由南方缺乏到北方缺乏，由经济作物缺乏到禾谷类、果树、蔬菜等作物都缺乏，由高产田缺乏到中产田也缺乏的过程，引起这一结果的原因在于连年种植作物而不施用钾肥。谭金芳（1996）研究河南土壤钾素肥力演变时发现，1981年至1992年间，河南各种土壤类型耕层速效钾含量均呈显著的下降趋势：其中潮土类土壤中平均下降37毫克/千克，褐土类土壤中下降11毫克/千克。范钦桢等在河南封丘研究也发现，不施钾肥条件下经6年种植后，土壤中速效钾由种植前的78.8毫克/千克下降至61.2毫克/千克，而缓效钾由558毫克/千克下降至526.4毫克/千克，下降速度是较快的，相应的产量也下降，而在这一基础上增施钾肥会显著提高产量，这就印证了李比希"如果不补充有效养分，总有一天地力会枯竭"的观点。

为了保持元素平衡和提高产量，应该向土壤中施入肥料。李比希养分归还学说的中心思想就是归还作物从土壤中取走的全部东西，以恢复土壤肥力，保持元素平衡，归还的根本途径在于施肥。李比希主张施用化肥归还从土壤中带走的营养物质，特别是那些土壤中相对含量少而消耗量大的营养物质，这个观点已突破了依靠农业内部生物循环维持地力的范畴，给农业生产开拓了增加物资投入的广阔前景。李比希明确指出，土壤肥力是保证作物产量的基础，不恢复和提高土壤肥力，仅仅靠其他某一技术是不可能持续高产的。施用肥料使作物增产，这已被历史充分证明是正确的。我国增施氮肥、磷肥和钾肥提高产量的实例不胜枚举，因此把李比希养分归还学说称为养分补偿学说更能确切地反映其本质所在。

二、最小养分律

作物生长发育需要吸收各种养分，其中严重影响作物生长，限制作物产量的是土壤中相对含量最小的养分因素，也就是最缺的那种养分（最小养分）。如果忽视这个最小养分，即使继续增加其他养分，作物产量也难以再提高。只有增加最小养分的量，产量才能相应提高。经济合理的施肥方案是将作物所缺的各种养分同时按作物所需比例相应提高，作物才能高产。

随着养分归还学说的问世，特别是成功地生产了化学磷肥之后，西方国家在长期、大量的施用磷肥过程中，出现了施用磷肥不增产的现象，于是李比希就在试验的基础上提出了应该把土壤中所最缺乏的养分首先归还于土壤的观点，这就是当时的"最低因子律"，也有人将其翻译成"最小养分律"。李比希如此表述这一定律："植物为了生长发育需要吸收各种养分，但是决定植物产量的却是土壤中那个相对含量最小的有效植物生长因素，产量也在一定限度内随着这个因素的增减而相对变化。因而无视这个限制因素的存在，即使继续增加其他营养成分也难以再提高植物产量"。

这一学说几经修改,后来成为:"农作物产量受土壤中最小养分制约"。直到 1855 年,李比希又这样描述:"某种元素的完全缺少或含量不足可能阻碍其他养分的功效,甚至于减少其他养分的营养作用",因此最小养分的产生是植物营养元素间不可代替的结果。对最小养分律的理解还应该是:植物生长要从土壤中吸收各种养分,而产量高低是由土壤中相对含量最小的有效营养元素所决定的。植物的产量随最小养分 A 的供应量的增加而按一定比例增加,直到其他养分 B 成为生长的限制因子时为止。当增加养分 B 时,则最小养分 A 的效应继续按同样比例增加,直到养分 C 成为限制因子时为止。如果再增加养分 C,则最小养分 A 的效应仍继续按同样比例增加(图 1-1)。最小养分律的内涵应该包括以下几点:

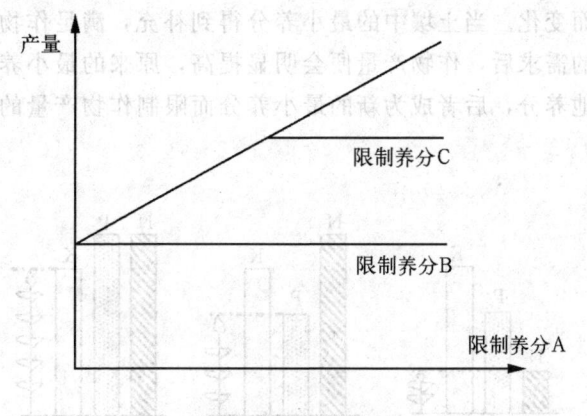

图 1-1　最小养分图

(一)土壤中相对含量最少的养分制约着作物产量的提高

作物的正常生长发育需要多种营养元素充足而协调供应,而这些元素大多数要从土壤中吸收,这就要求土壤中的各种营养元素应该是充足而成比例的。如果一种元素相对不足,就破坏了元素间的平衡,必然影响作物的产量。所以说,作物的产量常随这一元素的增加而提高。例如，我国土壤中的氮被作物消耗最多，在土壤中成了最缺的元素，特别是 20 世纪 50 年代至 60 年代，氮就成为最小养分，向土壤中补充氮肥具有明显的增产效应。

最小养分是相对作物需要来说的土壤供应能力最差的某种养分，而不是绝对含量最少的养分，因此，最早出现的最小养分应该是作物需要量大而归还土壤中少的大量营养元素，如氮、磷、钾等。当然，在一定的土壤、作物和栽培条件下，作物需要量很少的某种微量元素也可能成为新的最小养分。如果不及时通过施肥补充最小养分，将会给生产带来很大损失，轻则减产，重则绝收。例如，棉花"蕾而不花"是由于缺硼而引起的，则硼成为最小养分。

（二）最小养分会随条件改变而变化

土壤养分受施肥影响而处于动态变化中，最小养分同样受施肥影响而变化。当土壤中的最小养分得到补充，满足作物生长对该养分的需求后，作物产量便会明显提高，原来的最小养分则让位于其他养分，后者成为新的最小养分而限制作物产量的再提高（图 1-2）。

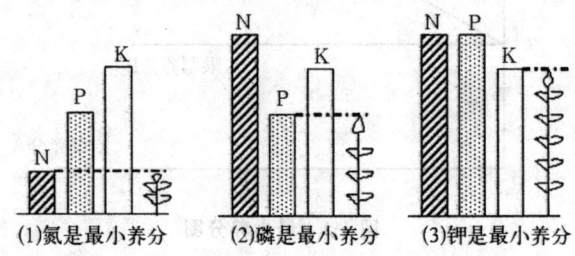

(1)氮是最小养分　(2)磷是最小养分　(3)钾是最小养分

图 1-2　最小养分随条件而变化的示意图

图 1-2 描绘了最小养分随施肥情况而变化的过程，提醒人们在制订方案时，应注意补充现在的最小养分和施肥调整后可能出现的新的最小养分。所以说最小养分不是固定不变的，而是随作

物种类、需肥特点、气候条件、种植制度、土壤特性等条件变化而变化的。这一点，从我国农业生产发展历史和施肥实践中得到了证明。

20世纪50年代，我国农田土壤普查发现：土壤缺氮。氮是当时限制作物产量提高的最小养分，认识到这一点后，全国开展增施氮肥。当时对大多数土壤和作物来说，施氮肥的增产效果十分显著，相应地，全国也建设了很多氮肥厂。

20世纪60年代，随着氮肥用量的增加和栽培技术的提高，土壤供氮能力相对提高。这个时期由于土壤磷素没有得到相应补充，磷成了限制作物产量提高的新的最小养分。因此，在施用氮肥的基础上增施磷肥，协调了氮、磷养分比例，使氮、磷养分趋于平衡，获得了较好的增产效果，这个时期兴建了一大批磷肥厂。

20世纪70年代后，随着氮肥、磷肥的不断投入，加之复种指数的提高，我国南方红壤出现了施氮肥、磷肥往往不能显著提高作物产量，只有在此基础上，配合施用适量的钾肥才能保证作物持续增产的现象，钾肥成了最小养分。进入20世纪80年代，华北地区的一些高产田和经济作物，由于氮肥、磷肥用量的逐年增加，土壤钾素不能满足作物高产的需要，原来不缺钾的田块增施钾肥也有明显的增产效果。这说明在新的条件下土壤缺钾成了新的最小养分，制约着作物产量的进一步提高。

当氮、磷、钾养分满足作物高产需要后，某些微量元素先后成为限制作物产量提高的新的最小养分。番茄小叶病的出现是因为土壤缺锌，锌成为最小养分。

（三）只有补充最小养分，才能提高产量

最小养分是限制作物产量提高的关键因素，合理施肥就必须强调针对性。如果找不准最小养分而盲目增施其他养分，其结果是最小养分未得到补充，影响作物产量的限制因子依然存在，导致元素之间的不平衡程度增大，产量降低，肥料利用率下降，从而影响施肥的经济效益并引发生理病害和产生环境污染。

据慕成功、郑义（1995）等人研究，河南开封市第二次土壤普查前，农田普遍缺磷，磷成了三要素中的最小养分，当时由于不了解该市土壤中缺磷的状况，在生产中仍然以施用氮肥为主，因此出现了作物产量不高，施氮经济效益明显下降的现象。第二次土壤普查结束后，通过对症下药，推行了在施氮基础上的增施磷肥的技术措施，作物产量随之提高，而且还提高了氮肥的利用率。

三、同等重要律

对农作物来讲，不论大量元素或微量元素，都是同样重要、缺一不可的，即使缺少某一种微量元素，尽管它的需要量很小，仍会影响某种生理功能而导致减产。如，玉米缺锌导致植株矮小而出现花白苗，水稻苗期缺锌造成僵苗，棉花缺硼使得蕾而不花。微量元素与大量元素同等重要，不能因为需要量小而忽视。

四、不可代替律

作物需要的各营养元素，在作物体内都有一定功效，相互之间不能替代。如，缺磷不能用氮代替，缺钾不能用氮、磷配合代替。缺什么营养元素，就必须施用含有该元素的肥料进行补充。

五、报酬递减律

从一定土地上所得的报酬，随着向该土地投入的劳动和资本量的增大而有所增加，但达到一定水平后，随着投入的单位劳动和资本量的增加，报酬的增加却在逐渐减少。当施肥量超过适量时，作物产量与施肥量之间的关系就不再是曲线模式，而呈抛物线模式了，单位施肥量的增产会呈递减趋势。

18世纪末，法国古典经济学家、重农学派杜尔哥深入研究了投入与产出的关系，在大量科学实验的基础上进行了归纳，提出了报酬递减律，其基本内容是：从一定面积土地所得到的报酬随着向该土地投入的劳动和资本数量的增加而增加，但达到一定限度后，随着投入的单位劳动和资本的增加而报酬的增加速度却逐渐递减。它反映了在技术条件不变的情况下，投入与产出的关系。

1909 年，德国著名化学家米采利希成功地把报酬递减律移植到农业上来。他通过著名的燕麦磷肥试验，利用数学原理深入地探讨了施肥量与产量的关系，并发现：只增加某种养分单位量（dx）时，引起产量增加的数量（dy），是以该种养分供应充足时达到的最高产量（A）与现在产量（y）之差成正比。用数学表达式为：

$$\frac{dy}{dx} = C(A - y)$$

转换成指数式为：

$$y = A(1 - e^{-Cx})$$

式中 y 为施一定肥料 x 所得的产量；A 为施足量肥料所获得的最高产量或称极限产量；x 为肥料用量；e 为自然对数；C 为常数（或称效应系数）。

米采利希认为，C 对每一种肥料都是常数，与作物、土壤或其他条件无关。

上述公式概括了达到极限产量之前施肥量与产量之间的关系，经实践检验它具有普遍性，米采利希学说的实质为：总产量按一定的渐减率增加并趋于某一最高产量极限；增施单位量养分的增产量随养分用量的增加而按一定比数递减；在一定条件下，任何单一因素都有一最高产量；当条件改变时，该因素可能达到的最高产量也随之改变。

米氏学说的作用首先是用严格的数学方程式表达了作物产量与养分供应量之间的关系，并作为计算施肥量的依据，开创了施肥由经验到定量施肥的新纪元，因此，该学说的提出是世界农业化学发展史上的一件大事。米氏学说及其著名的米采利希方程的广泛应用，使有限的肥料发挥了最大的增产效益，是对最小养分律的完善和发展，如今在国际上仍然作为一个重要的施肥理论加以应用。

米采利希方程揭示了一定条件下作物产量与施肥量之间的数量关系，国内外几十年生产实践结果也表明，作物产量与施肥量之间的关系无不遵循这一规律。因此，该方程曾广泛被用来确定经济最佳施肥量，预测产量，估算土壤有效养分含量，并且在此基础上发展形成了肥料效应函数施肥法。

六、因子综合作用律

农作物生长发育是受综合因子影响的，而这些因子可分为两类。一类是对农作物产量产生直接影响的因子，即缺少某一种因子作物就不能完成生活周期，如水分、养分、空气、温度、光照等，从而看出，合理施肥是影响作物增产的综合因子中起主要作用的因子之一。另一类是对农作物产量并非不可缺少，但对产量影响很大的因子，即属于不可预测的因子，如冰雹、台风、暴雨、冻害和病虫害等，其中某一种因子的影响轻则减产，重则绝收。

作物产量高低是由影响作物生长发育诸因子综合作用的结果，但其中必然有一个起主导作用的限制因子，产量在一定程度上受该限制因子的制约。为了充分发挥肥料的增产作用和提高肥料经济效益，一方面，施肥措施必须与其他农业技术措施密切配合，发挥生产体系的综合功能；另一方面，各种养分之间的配合施用，也是提高肥效不可忽视的问题。

第三节　测土配方施肥应遵循的原则

一、有机与无机相结合的原则

实施配方施肥必须以有机肥料为基础，土壤有机质是土壤肥沃程度的重要指标。增施有机肥可以增加土壤有机质含量，改善土壤理化生物性状，提高土壤保水保肥能力，增加土壤微生物的活性，促进化肥利用率的提高。因此，必须坚持多种形式的有机肥料投入，才能够培肥地力，实现农业可持续发展。

二、大量、中量、微量元素相配合的原则

各种营养元素的配合是配方施肥的重要内容，随着产量的不断提高，在耕地高度集约利用的情况下，必须进一步强调氮、磷、钾肥的相互配合，并补充必要的中量、微量元素，才能获得高产稳产。

三、用地与养地相结合，投入与产出相平衡的原则

要使作物—土壤—肥料形成物质与能量的良性循环，必须坚持用养结合，投入产出相平衡。破坏或消耗了土壤肥力，就意味着降低了农业再生产的能力。

第二章 作物生长发育需要的营养元素

植物在生长过程中需要从外界获取许多能量和物质，以满足其正常的代谢过程。作物由不同比例的水和干物质组成，其中水占新鲜作物的 75%～95%，而干物质仅占 5%～25%。干物质又可分为两类：一类是挥发性气态元素碳、氢、氧、氮，约占干物质的 90% 以上；另一类不挥发的物质含量很少，但所含元素种类很多，其中包括磷、钾、钙、镁、硫、铁、锰等共 70 余种，我们把这类物质统称为作物的灰分。作物体内测到的各种元素有些是作物生长发育所必需的，有些则是可有可无的。作物生长发育的必要元素包括：碳、氢、氧、氮、磷、钾、硫、镁、钙、铁、硼、锰、铜、锌、钼、氯等共 16 种。通常将含量占作物干重百分之几十至千分之几的元素，称为大量营养元素或常量营养元素，包括碳、氢、氧、氮、硫、磷、钾、镁、钙等 9 种。其中氮、磷、钾 3 种元素，由于作物需要的量比较大，而土壤中可提供的有效含量又比较少，常常要通过施肥才能满足作物生长的要求，因此称为"作物营养三要素"或"肥料三要素"。将含量占作物干重千分之几至十万分之几的必需元素称为作物必需微量元素，包括铁、氯、硼、锰、铜、锌、钼等 7 种元素。

第一节 大量元素营养

一、植物氮素营养

（一）植物体内氮的含量和分布

一般植物含氮量占植物体干重的 0.3%～5%，含量的多少与植物种类、器官、发育阶段有关。含蛋白质丰富的植物，含氮量也多。豆科植物含氮量比禾本科植物多些，种子和叶部的含氮量比茎秆和根部多。按干重计算，大豆植株中含氮 2.49%，紫云英植株含氮 2.25%；而禾谷类作物一般含氮量较少。在作物的不同发育时期，随着体内碳氮代谢的不断变化，植株含氮量的变化也有一定规律。在禾谷类作物的生物发育过程中，一般营养生长期内氮代谢过程占主要地位，植株体内的氮浓度较高。进入生殖生长期后，碳代谢逐渐旺盛，虽然植株氮积累增加，但植株体内氮的浓度下降。到成熟期，营养体内的氮素大量向籽粒中转移，导致种子含氮量通常远高于茎秆。如，小麦籽粒含氮 2%～2.5%，而茎秆仅含 0.5% 左右；豆科作物籽粒含氮 4.5%～5%，而茎秆仅含 1%～1.4%。

（二）氮的营养功能

氮在植物营养中占突出地位，它是构成生命物质——蛋白质和核酸的主要成分，又是叶绿素、维生素、生物碱、植物激素等的组成部分，参与植物体内许多重要的物质代谢过程，对植物的生长发育和产量品质影响极大。

1. 氮是氨基酸和蛋白质的主要成分　植物根部吸收无机态氮后，在体内铵态氮首先被同化，形成谷氨酸，进而转化为各种氨基酸，合成蛋白质，蛋白质中氮占 16%～18%。植物组织中的蛋白质种类极多，主要包括结构蛋白、贮藏蛋白和酶蛋白三大类。它们在植物体内的功能不同，结构蛋白是构成细胞质、细胞核和细胞壁的组分，它往往与核酸、糖类、脂质、磷酸相结合，分别形成核蛋白、糖蛋白、脂蛋白、磷蛋白，负责体内细胞的增长和新细胞的形成。贮藏蛋白在种子胚乳中大量存在。酶蛋白是以卟啉和核黄素作辅基的色素蛋白质，蛋白质与铁、铜、锌、锰等金属结合形成金属蛋白，酶蛋白和金属蛋白各自表现出特有的酶的作用，参与植物体内各种生化反应。植物组织中的酶蛋白，种类多达数千种。植物体内的氨基酸除了能构成蛋白质外，还有一部分以游离或结合状态的氨基酸存在。

2. 氮是构成核糖核酸（RNA）和脱氧核糖核酸（DNA）的必需成分　RNA 和 DNA 是合成蛋白质和决定生物遗传性的物质基础，其中 DNA 是遗传信息从亲代向子代的传递者；RNA 在特定的生育时期和环境下，以 DNA 为模板转录遗传信息，并指导蛋白质的合成，达到调节生长发育的目的。

3. 氮参与叶绿体结构和叶绿素的形成　叶绿体是植物进行光合作用的场所，氮是叶绿体的结构成分和叶绿素的组成成分，叶绿素蛋白复合体是捕获太阳光量子和电子传递的主要成分。

4. 氮参与维生素类物质的形成　植物体内维生素 B_1、维生素 B_2、维生素 B_6、维生素 pp 等均含有氮。

5. 其他含氮化合物　植物体内的生物碱、植物激素均含有氮。

（三）作物缺氮症状与氮素过多的危害

1. 作物缺氮症状　缺氮后叶绿素含量下降后出现叶片黄化，光合强度减弱，光合产物减少，蛋白质合成受阻，细胞分裂活性下降，进而导致植物生长发育缓慢，植株矮小。作物严重缺氮甚至出现生长停滞的现象，不能抽穗开花。后期缺氮则导致器官提前衰老，叶片氮输出过早，光合产物供应不足，谷物的籽粒结实率下降，产量明显降低，收获产品中的蛋白质、维生素和必需氨基酸的含量也相应地减少。下部老叶黄化是植物缺氮的显著特征，这是因为在缺氮情况下，老叶中的蛋白质、核酸、叶绿素等分解为小分子氮化合物，然后转运到新生器官被再利用，以满足这些器官的正常代谢。严重缺氮时，则植株全部叶片表现黄化症状。另一方面，缺氮导致植物体内的碳水化合物不能被利用，进而转化为类黄酮类物质（如花青素），使某些作物（如玉米）植株积累色素（常表现红色）。

2. 氮素过多的危害　超量供应氮素常使细胞增长过大，细胞壁薄，细胞多汁，导致作物易受各种病害侵袭。如果造成群体过大，受光条件恶化，则植株高度增加过快，下部节间过细，易倒伏。过量氮素的同化过程要消耗大量碳水化合物，从而使植株碳氮代谢失调，导致甜菜等作物块根的产糖率下降，园艺作物果实的含糖量降低，麻类作物纤维产量下降。对叶菜类蔬菜来说，过量氮素不仅降低其贮存和运输品质，更易导致植物体内硝酸盐积累，对人体有很大危害。

二、植物磷素营养

（一）植物磷含量和分布

磷是植物灰分元素之一，植物体内的含量为干物质重的 $0.2\%\sim1.1\%$，其中大部分是有机态磷，约占全磷量的 85%，以核酸、磷脂和植素等形态存在。在籽粒中，植素是贮存磷素的主要形态。无机态磷仅占 15% 左右，主要分布在液泡中，只有一小部分存在于细胞质和细胞器内。油料作物含磷量高于豆科作物，豆科作物高于谷类作物。在作物生长期中，磷比较集中在富有生命力的幼嫩组织中，因此，幼叶、根尖及繁殖器官是含磷量最高的地方，分布规律是生殖器官高于营养器官、种子高于叶片、叶片高于根系、根系高于茎秆、幼嫩部位高于衰老部位。同一作物，生育期不同磷素含量有较大差别，一般随生育期推进，磷浓度降低。如水稻植株中，分蘖期的含磷量最高，为 1.49%；穗分化期次之，为 1.21%；孕穗期和抽穗期相对下降，分别为 0.90% 和 0.75%。

（二）磷的营养功能

磷是植物的必需元素。它不仅是植物细胞结构及细胞内一些重要化合物的组分，而且广泛参与植物生命活动过程。磷参与能量代谢、碳水化合物代谢，并调节代谢进程。植酸盐是磷的贮藏形态，种子萌发时，其中所贮存的植酸盐降解，释放出的无机磷即可在幼苗生长中被利用。

1. 磷是植物体内许多重要化合物的组成元素　磷是磷脂、核苷酸等的组成成分，磷脂是生物膜结构的基本组分，各种核苷酸在植物代谢中皆有重要功能。

2. 促进脂肪代谢　脂肪是由碳水化合物转变而来的，在糖转化为甘油和脂肪酸，进而合成脂肪的过程中都需要有磷的参与。

3. 磷能促进光合作用和碳水化合物的合成与运转　光合作用一开始就有磷的参与，绿色植物的叶绿体色素吸收光能，并在光合细胞内将光能转化为 ATP（腺嘌呤核苷三磷酸）及 NADPH（还原型烟酰胺腺嘌呤二核苷酸磷酸）中的化学能，ATP 及 NADPH 中保存了大量的能量，可推动光合作用中 CO_2（二氧化碳）的同化，形成三碳糖、四碳糖、五碳糖、六碳糖及七碳糖的膦酸酯。

4. 磷能促进氮代谢　磷是含氮化合物代谢过程中酶的组成成分，磷是硝酸还原酶中黄素蛋白的成分，磷还能提高豆科作物根瘤的共生固氮活性，增加固氮量。

5. 提高对外界环境的适应性　磷能提高作物抗逆性，如抗旱、抗寒、抗病和抗倒伏能力。

（三）作物缺磷症状

缺磷的典型症状：苗期时植株矮小，禾谷类作物分蘖减少。因为碳水化合物代谢受阻，植物体内易形成花青素，如玉米的茎常出现紫红色症状，小麦叶片则为黄色。成熟期禾谷类作物籽粒退化较重，如玉米秃尖，同时成熟期推迟。果树易过早落果。缺磷症状一般先从老叶开始。

三、植物钾素营养

（一）植物钾含量与分布

一般植物体内的含钾量（氧化钾）占干物质重的 $0.3\%\sim5\%$，高于磷，有时超过氮，马铃薯、糖用甜菜、烟草等喜钾作物含量较高。与氮、磷不同，谷类作物种子中钾的含量较低，而茎秆中钾的含量则较高；薯类作物的块根、块茎的含钾量较高。钾呈离子状态存在于细胞中，细胞质中钾浓度的水平较低，且十分稳定，为 $100\sim200$ 毫摩尔/升。当植物组织含钾量较低时，钾首先分布在细胞质内，直到钾的数量达最适水平。当钾的数量达到最适水平后，过量的钾几乎全部转移到液胞中。

（二）钾的营养功能

1. 多种酶的活化剂　目前已知有 60 多种酶需要钾离子作为活化剂。钾能活化的酶分别属于合成酶类、氧化还原酶类和转移酶类等，它们参与糖代谢、蛋白质代谢和核酸代谢等生物化学过程，从而对作物生长发育起着独特的生理作用。

2. 参与细胞渗透压调节和气孔运动　钾离子是细胞中构成渗透势的重要无机成分，在细胞质及液泡中的累积能调节细胞的水势。细胞内钾离子浓度较高时，吸收的渗透势增大，细胞从外部吸收水分，使细胞充水膨胀。只有当渗透势和压力势达到平衡时，细胞才停止吸收水分。

钾可以调控气孔的开闭运动。当植物照光后，叶片中钾离子从表皮细胞进入保卫细胞，并在保卫细胞中与有机阴离子苹果酸根离子形成苹果酸盐，增加保卫细胞的渗透势，使保卫细胞获得较多的水分，压力势增加，气孔即张开。充足的钾有助于气孔开阔的正常进行，从而使植物有效地调节 CO_2 的交换和水的蒸腾。

3. 促进光合作用，提高 CO_2 的同化率　钾通过调节气孔的开闭、促进叶绿素的合成、改善叶绿体的结构、促进叶绿体内电子传递和 ATP 的合成而促进 CO_2 的同化和提高 CO_2 同化的速率。

此外，钾促进光合产物的合成与转运，促进蛋白质合成，提高植物的抗逆性。

第二节　中量元素营养

一、植物钙素营养

（一）植物体内钙的含量和分布

植物体内钙的含量一般占干物质重的 $0.5\% \sim 3\%$，不同植物种类和植物器官的含钙量有很大差异。一般双子叶植物的含钙量高，如苜蓿、油菜、棉花、豆类作物等地上部含钙量为干物质的

1%～3%，而单子叶植物如大多数禾谷类作物和禾本科牧草的地上部含钙量不足 1%。造成这种差异的原因，一是由于双子叶植物根的阳离子交换量较高，二是单子叶植物和双子叶植物两者细胞膜对钙的渗透性不同。钙大部分集中在茎叶中，尤其是老叶比嫩叶含钙多，而花和种子中含钙量较低，根部含钙也较少。在植物组织中钙的形态很多，除游离 Ca^{2+} 离子外，Ca^{2+} 亦可被不扩散的有机阴离子如羧基、磷酸基和酚羟基所吸附而以吸附态钙存在。在细胞液泡中，钙以草酸钙、碳酸钙和磷酸钙的形式存在；在细胞壁的胞间层中，钙以果胶酸钙存在；在种子中，钙以植酸钙形态存在。

（二）钙的营养作用

1. 细胞壁的重要成分，为细胞分裂伸长所必需　大部分钙与果胶酸结合形成果胶酸钙黏结相邻的细胞。缺钙时，细胞壁不能形成，子细胞无法分隔成两部分，于是产生双核细胞，缺钙细胞不能正常分裂和伸长，生长点死亡。

2. 稳定生物膜的结构，调节膜的渗透性和消除其他离子的毒害　一般认为钙能把质膜上的磷和羟基桥接起来，维持生物膜的稳定。钙能降低原生质胶体的分散度，促使原生质体浓缩，增加原生质的黏滞性，使细胞膜不仅可以防止细胞内养分外渗，同时也能抑制阳离子的被动吸收，增强对它们的拮抗性。由于钙能增强质膜的稳定，活化 ATP 酶，因此可增强质膜对养分的选择吸收能力。

3. 钙是许多酶的活化剂　钙是植物体内许多酶的活化剂，钙对多种酶起激活作用，而且与细胞分裂、细胞运动、细胞间信息传递、植物光合作用、有机物运输、对激素的反应及生长发育等有密切关系。

4. 钙能抑制真菌的侵袭，提高果蔬的贮藏品质　钙能抑制真菌的侵袭，这主要是钙抑制了酶对质膜的破坏作用。同时，钙对于果品贮存期间降低病害感染率有明显作用。

（三）作物缺钙症状与诊断

钙是植物体内难以移动的元素之一，其缺乏症状首先出现在新根、顶芽、果实等生长旺盛而幼嫩的部位，如幼叶、生长点等分生组织生长减弱，容易腐烂坏死；幼叶卷曲畸形，叶缘发黄并渐死亡；植株生长停滞，节间缩短，株型矮小，组织软化，果实生长发育不良，易腐烂。据报道，在园艺作物中由于缺钙引起的失调症有近 40 多种，如番茄、辣椒的脐腐病，大白菜、甘蓝和莴苣的干烧心（幼叶叶缘呈烧灼状，出现尖端坏死），马铃薯的褐斑病，苹果的苦豆病和鸭梨的黑心病等。

除了形态症状外，作物含钙量也是诊断钙营养丰缺的重要指标。根据一些分析资料表明，正常玉米植株含钙在 0.4% 以上，缺钙植株含钙小于 0.2%；正常大麦叶片含钙 0.69%，卷叶含钙 0.17%；马铃薯叶片缺钙时含钙 0.49%，正常的可高达 3.3%；烟草正常叶片含钙 1.5%～2.0%，而缺钙则小于 1%；水稻缺钙叶片含钙 0.14%～0.26%，正常的为 0.16%～0.34%；大豆正常叶片的含钙量高达 3.4%，缺钙植株含钙量在 1% 以下；番茄缺钙叶片含钙 0.58%，正常叶片含钙 5.7%；苹果叶片钙的临界浓度为 0.7%。

二、植物镁素营养

（一）植物体内镁的含量、形态与分布

植物体内镁的含量为干物质重的 0.05%～0.7%，通常豆科作物含镁量高于禾本科作物。大多数成熟的谷类作物和禾本科牧草的地上部含镁量为 0.1%～0.4%，棉花、大豆和苜蓿植物的地上部含镁 0.3%～0.6%。同一种作物不同器官的镁含量不同，种子含镁较多，茎叶次之，而根系较少。植物组织中镁的形态有两类：一是与无机阴离子或有机酸的阴离子（如苹果酸和柠檬酸）相结合，呈易扩散态存在；另一部分镁则与草酸、果胶酸等结合，形成难扩散态物质。在禾谷类籽粒中，镁以植素形态存在。

（二）镁的营养作用

1. 镁是叶绿素、植素和果胶等的组成成分　镁存在于叶绿素分子结构卟啉环的中心，叶绿素分子质量的 2.7% 是镁，故供镁状况与光合作用关系密切。植素中镁含量达 7.5%。镁也是果胶的成分，果胶对于维持细胞的正常结构及其稳定性有重要作用。

2. 镁是许多酶的活化剂　由镁活化的酶不下几十种，如所有的磷酸化酶、激酶、某些脱氢酶和烯醇化酶都需要镁活化。因此，镁能促进糖酵解、三羧酸循环和 ATP 的合成，从而调节呼吸作用、能量及其他物质的代谢。

3. 镁参与碳水化合物、脂肪、蛋白质和核酸的合成　Mg^{2+}参与碳水化合物的合成，它的关键作用是活化二磷脂核酮糖酸双激酶。

（三）作物缺镁症状与诊断

1. 作物缺镁症状　镁在作物体内容易移动，作物缺镁时症状首先表现在中下部较老的叶片上。缺镁植物叶片脉间失绿，叶脉仍为绿色，在叶片上形成清晰的网状脉纹，往往在叶片边缘和尖端较为严重，而叶片基部常能保持绿色；严重时整个叶片变绿或发亮，叶肉组织变为褐色而坏死。缺镁也可使叶片发硬、变脆和扭曲，在成熟前叶片枯萎、脱落。不同作物表现的缺镁症状各不相同，如玉米缺镁时下部叶片出现典型的脉间条状失绿症；水稻缺镁首先在叶尖、叶缘出现色泽褪淡变黄、叶片下垂，脉间出现黄褐色斑点，随后向叶片中间或基部扩展；苹果缺镁脉间失绿，叶缘变为橙色、赤色或紫色。

2. 作物缺镁诊断　除了形态症状外，作物含镁量也是诊断镁营养丰缺的重要指标。一般定型叶片中镁的含量为干物质重的 0.2%～0.25%，低于 0.2% 则可能出现缺镁。一些作物叶片出现缺镁的临界值（干基）为：小麦 0.15%，棉花 0.42%，玉米 0.13%，马铃薯 0.23%，甘薯 0.40%，甜菜 0.1%，柑橘 0.2%，梨 0.3%，桃 0.25%，苹果 0.25%，苜蓿 0.25%，水稻（植株）

0.14％等。分析叶片中镁含量时，一般取展开的第三四片叶。不过不同的研究者提出的指标并不完全相同，这可能与作物品种、取样时期、取样部位等多种因素有关。

三、植物硫素营养

（一）植物体内硫的含量、形态与分布

植物体内硫的含量与磷接近，为干物质重的0.1％~0.5％，平均为0.25％左右。但不同的植物和器官之间含硫量差别很大，一般情况是：十字花科作物＞豆科作物＞禾本科作物；种子＞茎秆。作物所需的硫，主要从土壤中吸收SO_4^{2-}离子，也可通过叶片从大气中吸收少量SO_2（二氧化硫）气体。硫在植株中主要分布于籽粒中，其次是叶片，茎和根中含量较少。

（二）硫的营养作用

1. 硫是构成蛋白质和许多酶不可缺少的组成成分　一般蛋白质含硫0.3％~2.2％。蛋白质中有3种含硫的氨基酸，即胱氨酸、半胱氨酸和蛋氨酸。硫是许多酶的成分，如丙酮酸脱氢酶、磷酸甘油醛脱氢酶、苹果酸脱氢酶、α—酮二酸脱氢酶、脂肪酶、羧化酶、氨基转移酶、脲酶、磷酸化酶等都含有－SH基。这些酶不仅参与植物呼吸作用，而且与碳水化合物、脂肪和氮代谢有密切关系。

2. 硫是某些生理活性物质和某些特殊物质的组成成分　生理活性物质如硫胺素、生物素、辅酶A和乙酰辅酶A等都是含硫有机化合物。某些含硫特殊物质，如十字花科的油菜籽中的芥籽油和百合科的葱蒜中的蒜油均属于硫脂化合物，这些硫脂化合物有特殊的气味，具有很高的营养和药用价值，可增进食欲；同时又是抗菌物质，可以预防和治疗某些疾病。

此外，硫还参与氧化还原反应和固氮作用。

（三）作物缺硫症状与诊断

1. 作物缺硫症状　作物缺硫时，叶片褪绿或黄化，茎细弱，顶端及幼芽受害较早，通常幼芽先变黄，根细长而不分枝，植株生长迟缓，开花结实时间推迟，结实率低，秕壳多。作物缺硫的症状类似于缺氮的症状，即失绿和黄化比较明显。但由于作物体内硫的移动性不大，缺硫症状首先在中上部叶出现，这一点与缺氮有异。

2. 作物缺硫诊断　目前用于作物硫营养丰缺的诊断指标有植株全硫、氮/硫比、无机 SO_4^{2-} 等。作物全硫含量临界值：棉花初蕾期（全株）为 0.15%、盛蕾期（叶与叶柄）为 0.2%，水稻分蘖期（全株）为 0.16%、开花期（叶片）为 0.1%，大豆（叶片）为 0.18%，甜菜（叶片）为 0.12%，花生（叶片）为 0.15%，玉米（叶片）为 0.20% 等。一般作物全硫含量小于 0.1%～0.2% 时，有可能缺硫。作物体内氮、硫主要存在于蛋白质中，而蛋白质中氮、硫含量有一定比例。因此，对特定的作物其氮/硫比相对稳定。正常作物的氮/硫比为（14～17）：1。作物硫营养的临界指标因作物种类、品种、取样部位和生育期的不同而变化，采样时间也对其有一定影响。

第三节　微量元素营养

一、植物硼素营养

（一）植物体内硼的含量和分布

植物体内硼的含量变幅很大，变幅范围一般为 2～100 毫克/千克。双子叶植物的含硼量比单子叶植物高，具有乳液系统的双子叶植物，如蒲公英和罂粟等含硼量特别高。禾本科作物需硼较少，一般不易缺硼；而双子叶植物需硼较多，易出现缺硼症状。植物体内硼的分布规律是繁殖器官高于营养器官；营养器官中叶片高于枝条，枝条高于根系。硼较为集中地分布在子房、柱头等花器官中，因此，硼对繁殖器官的形成具有重要作用。

（二）硼的营养功能

1. 促进碳水化合物的运输和代谢　碳水化合物运输受阻是植物缺硼最明显的特征之一，硼参与植物体内糖的运输，硼在葡萄糖代谢中有调控作用。

2. 参与细胞壁组分的合成。

3. 促进细胞伸长和细胞分裂　植物缺硼的症状最先是根尖和侧根的伸长受到抑制，甚至停止生长。试验证明，硼不仅为细胞伸长所必需，也是细胞分裂所不可缺少的。

4. 促进生殖器官的建成和发育　在植物的生殖器官中，花的柱头和子房中硼的含量最高。籽粒的形成往往比营养生长需要更多的硼，植物缺硼抑制了细胞壁的形成，细胞伸长不规则，花粉母细胞不能进行四分体分化，从而导致花粉粒发育不正常。硼促进植物花粉的萌发和花粉管伸长，减少花粉中糖的外渗。因此，在缺硼条件下，作物受精作用受碍，果实和种子不能正常发育，甚至完全不能形成。

此外，硼能调节酚的代谢和木质化作用，稳定细胞膜的功能，调节生长素的代谢，硼还能促进核酸和蛋白质的合成及生长素的运输，在提高作物抗旱性等方面也有一定的作用。

（三）植物缺硼和硼中毒症状

1. 植物缺硼症状　植物严重缺硼时，茎尖生长点受到抑制，节间短促，生长点生长停滞，甚至枯萎死亡。顶芽枯死后，腋芽萌发，侧枝丛生，形成多头大簇。根系发育不良，根尖伸长停止，呈褐色，侧根加密，根颈以下膨大，似萝卜根。老叶增厚变脆，叶色深，无光泽；新叶皱缩，卷曲失绿，叶柄短缩加粗。茎短缩，严重时出现茎裂和木栓现象。蕾花脱落，花少而小，花粉粒畸形，生活力弱，不能完成正常的受精过程。结实率低，果实发育不良，常呈畸形，小而坚硬。甜菜"腐心病"、小麦"不稔症"、花生"有果无仁"、芹菜"茎折症"、苹果"缩果病"等，都是严重缺硼的症状。植物轻度缺硼时，一般外表无明显症状。

2. 植物硼中毒症状　由于硼在植物体内的运输受蒸腾作用控制，而且硼在植物体中难以移动。因此硼中毒症状往往先从基部叶片首先表现出来，而且与叶脉类型有关。一般是在中下部叶片尖端或边缘褪绿，随后出现黄褐色斑块，甚至坏死焦枯。叶脉呈辐射状的双子叶植物，整个叶缘焦枯如镶金边；叶脉呈平行状的单子叶植物，焦枯由叶尖逐渐向中心发展，严重时叶片枯萎早脱，其特点是老叶比新叶严重。

二、植物铁素营养

（一）植物体内铁的含量和分布

植物体内铁的含量一般为 $60\sim300$ 毫克/千克（干重），低于 50 毫克/千克则可能缺铁。植物铁的含量常随植物种类和植株部位而有差别，某些蔬菜作物含铁量较高，如菠菜、莴苣、绿叶甘蓝等含铁量均在 100 毫克/千克以上，最高可达 800 毫克/千克；而水稻、玉米的含铁量却相对较低，为 $60\sim180$ 毫克/千克。一般地，豆科植物含铁量比禾本科作物高。不同植株部位的含铁量也不相同，如禾本科作物秸秆中铁含量较高，而籽粒、谷粒、块茎中铁含量就比较低。在同一植株中，铁的分布也不均匀，例如玉米茎节中常有大量铁的沉淀，而叶片含铁量却很低，甚至叶片上出现缺铁症状。

（二）铁的营养功能

1. 叶绿素合成所必需　铁虽然不是叶绿素的组成成分，但它是叶绿素形成所不可缺少的。植物缺铁的典型症状是叶片失绿，重新供铁可使叶片恢复绿色。铁由于影响叶绿体蛋白的合成，从而影响叶绿素的形成。缺铁常使植物叶绿体片层重叠结构消失，叶绿体基粒减少，间质部分增大；严重时基粒也消失，叶绿体崩解或液泡化。良好的叶绿体结构是叶绿素形成的必需条件，叶绿体结构的破坏必然会影响到叶绿素的形成。

2. 参与植物体内氧化还原反应和电子传送　铁在作物体内有原子化合价的变化。在高等植物的光合作用中，铁氧还蛋白是光合电子传递链上的重要物质，也是植物体内硝酸还原和豆科作物固氮不可缺少的。

此外，铁还参与植物细胞的呼吸作用，并且是磷酸蔗糖合成酶的活化剂，缺铁时磷酸蔗糖合成酶活性显著下降，蔗糖的合成减少。

（三）植物缺铁和铁中毒症状

1. 植物缺铁症状　铁在不同器官间不易移动，同时铁又是叶绿素合成所必需的，因此缺铁首先可见的典型症状是幼叶失绿，而下部老叶仍保持绿色，随着铁缺乏的加重，植株下部叶片逐渐失绿变白。幼叶失绿开始时往往是脉间失绿，叶脉仍能保持绿色，幼叶的这种缺铁失绿在出现坏死斑点前是可逆的。严重缺铁时，叶片上出现褐色斑点和组织坏死，并导致叶片死亡。植物叶片缺铁的临界浓度为 30～50 毫克/千克，但不同植物间有显著的差异。各种作物对铁的需要量不同，因而缺铁的临界浓度不同。如水稻缺铁的临界浓度为 80 毫克/千克，玉米为 15～20 毫克/千克，棉花为 30～50 毫克/千克。不同作物对缺铁的敏感性也不同，主要取决于植物营养基因型的差异。对缺铁敏感的作物有高粱、玉米、大豆、黑豆、果树、葡萄、花生、番茄及草原旱柳等，其中黑豆常被作为土壤缺铁的指示植物。

2. 植物铁中毒症状　铁的毒害往往发生在通气不良的土壤上，如在排水不良的土壤或长期渍水的水稻土中亚铁含量可高达 300～700 毫克/千克，致使作物产生亚铁毒害。铁中毒的症状表现为老叶上有褐色斑点，根部呈灰黑色，易腐烂。

三、植物锌素营养

（一）植物体内锌的含量和分布

植物正常含锌量一般为 25～150 毫克/千克（干重），其含量常因作物种类及品种不同而有差异。同一作物不同部位的含锌量也不相同，如水稻籽粒含锌 18～35 毫克/千克，茎秆含锌38～125 毫克/千克；玉米籽粒含锌15～25 毫克/千克，茎秆含锌20～35 毫克/千克；大豆籽粒含锌25～30 毫克/千克，茎秆含锌17～27 毫克/千克。据中国科学院植物研究所的试验结果表明，正常番茄植株顶芽含锌量最高，叶片次之，茎最少；整个植株中锌的分布有由下而上逐渐递增的趋势。植物根系的含锌量常高于地上部分，供锌充足时，锌可在根中累积，而其中一部分属于过量吸收。

（二）锌的营养功能

1. 酶的组分或活化剂　锌是许多脱氢酶、蛋白酶和肽酶的必要组成成分；植物体内已发现的有含锌金属酶。同时，锌也是许多酶的活化剂，在生长素形成中，锌与色氨酸酶的活性有密切关系。

2. 参与光合作用　缺锌引起叶绿体内膜系统的破坏，并影响叶绿素的形成。同时，缺锌导致 CO_2 的水合反应受阻，光合效率大大降低。锌也是醛缩酶的激活剂，而醛缩酶是光合作用碳代谢过程中的关键酶之一。

此外，锌还参与呼吸作用、生长素的合成、蛋白质代谢，促进繁殖器官发育，增强植物的抗逆性。

（三）植物锌缺乏和中毒症状

1. 植物缺锌症状　植物缺锌的共同特点是：光合作用减弱，叶片失绿，节间缩短，植株矮小，生长受限制，产量降低。植物缺锌严重时，常会表现出特殊的缺锌症状，如"花白苗"。植物对缺锌的敏感程度，因植物种类不同而异。缺锌最敏感的作物有玉米、高粱、大豆；中度敏感的作物有水稻、棉花、马铃薯、番茄、甜菜等；不很敏感的作物有小麦、大麦、胡萝卜等。

2. 植物锌中毒症状　过量锌可导致植物锌的毒害，锌危害植物主要表现为根的伸长受阻。如水稻受锌毒害以后，幼苗长势不良，叶片黄绿并逐渐枯黄，分蘖少，植株矮小，根系短而稀疏；小麦受锌毒害以后，叶尖出现褐色的斑条，生长迟缓，产量降低。一般认为植物出现毒害的标准是：锌含量大于 400 毫克/千克，但锌中毒作物种类、品种、生长状况和环境因素的影响很大。据报道，水稻、小麦、燕麦、玉米等禾谷类作物比甜菜、豌豆及其他许多蔬菜作物对过量锌的适应性强，尤其是玉米对过量锌既有高度的拒吸力，又能忍耐植物体内的过高含量。过量锌除影响作物生长外，还会残留于粮食中，危害人体健康。

四、植物铜素营养

（一）植物体中铜的含量和分布

植物对铜的需要量很少，大多数作物含铜量仅为 2～25 毫克/千克（干重）。植物体内铜的含量因作物种类、品种、器官和生育阶段不同而异。一般豆科作物显著高于禾本科作物，如在同一土壤上红三叶草地上部分的含铜量为 21.2 毫克/千克，而梯牧草则只有 6.4 毫克/千克。在同一作物中，铜多集中于根部、幼嫩叶片、种子胚芽等生长活跃的组织中，而茎秆和老熟叶片中较少。在根部，特别是根尖和根中部含铜量较高，而根基部含铜量显著降低，且不易向地上部分运输。

（二）铜的营养功能

1. 某些蛋白和酶的组成成分　铜离子形成稳定性螯合物的能力很强，能与氨基酸、肽、蛋白质及其他有机物质形成配合物，如各种含铜的酶和多种含铜的蛋白质，它们有着多方面的功能，主要起催化作用。

2. 参与木质素合成　铜在细胞壁形成中有重要作用，尤其在木质化过程中的作用最大。因此，细胞壁木质化受阻是高等植物缺铜诱发的最典型的解剖学变化之一。缺铜时，叶片的细胞壁物质占总干重的比例显著下降，木质素含量仅为正常铜处理的一半。铜对木质化作用的影响在茎组织中表现得更为突出。严重缺铜时，植物木质部导管的木质化受阻，甚至轻度缺铜也使木质化作用降低。因此，木质化程度可作为判断植物铜营养状况的指标。

此外，铜也参与碳水化合物及氮代谢，并参与生殖生长。

（三）植物缺铜和铜中毒症状

1. 植物缺铜症状　当作物体内含铜量小于 4 毫克/千克时，就有可能缺铜。植物缺铜一般表现为幼叶褪绿、坏死、畸形及叶尖枯死；植株纤细，木质部纤维化和表皮细胞壁木质化及加厚程度减弱。严重缺铜时，韧皮部及木质部的分化受阻，特别是茎部厚壁组织变薄。禾谷类作物缺铜常使分蘖增多，推迟生殖生长。缺铜植物抽穗后贪青不落黄，穗部发生不结实，有的甚至不抽穗；接近成熟时迅速枯萎，呈现出与正常植株不同的黑褐色；双子叶植物缺铜时，叶片卷缩，植株膨压消失而出现凋萎，叶片易折断，叶尖呈黄绿色；果树缺铜时发生顶枯，树皮开裂，有胶状物流出，呈水泡状皮疹，称为郁汁病或枝枯病，而且果实小，果肉僵硬，严重时果树死亡。

2. 植物铜中毒症状　对于一般作物来讲，含铜量大于 20 毫克/千克时，作物就可能中毒。铜中毒的症状是新叶失绿，老叶坏死，叶柄和叶的背面出现紫红色。从外部特征看，铜中毒很像缺铁，这可能是由于铜过多时，会引起铜从生理重要中心置换出其他的金属离子（如铁等）。植物对铜的忍耐能力有限，铜过量很容易引起毒害。例如，玉米对铜虽是敏感作物，但铜过多时，也易发生中毒现象。

五、植物钼素营养

（一）植物中钼的含量和分布

植物含钼量低于其他矿质养分，通常仅为 0.1～1 毫克/千克，但其变幅很大，有些豆科作物可高达几百毫克/千克。国内外资料表明，豆科作物含钼量大于禾本科作物，其平均含量分别为 0.5～2.5 毫克/千克及 0.3～1.4 毫克/千克；而植物含钼量和植物的生长环境关系密切，如生长在中性和碱性土壤上的天然植物，平均含钼量为 11 毫克/千克；而同一植物品种生长在酸性土壤或低钼土壤时，平均含钼量分别只有 0.9 毫克/千克或 0.5 毫克/千克。

（二）钼的营养功能

1. 钼与硝酸还原酶　植物利用的氮源主要是硝态氮和铵态氮，但硝态氮必须还原为铵后才能同化为有机氮，因此硝酸还原是植物氮代谢的重要过程。钼是硝酸还原酶的组成成分，硝酸还原酶催化 NO_3^- 转变为 NO_2^-，当供应钼时，该酶的活性增强；硝酸还原酶是一种复合酶，除含钼外，还含有 FAD（黄素腺嘌呤二核甙酸）及细胞色素 b 两个辅基。

一般认为硝酸还原酶是诱导酶，在多数情况下，它的活性因硝酸盐存在而提高，并受铵盐和某种氨基酸或酰胺的阻碍，甚至被完全抑制。缺钼时，植株内硝酸盐积累，氨基酸和蛋白质的数量明显减少。

2. 参与根瘤菌的固氮作用　植物体中另一个重要的含钼酶为固氮酶，豆科作物借助固氮酶把大气中的 N 固定为 NH_3，再由 NH_3 合成有机含氮化合物。

固氮酶是由钼铁氧还蛋白和铁氧还蛋白两种蛋白组成的，这两种蛋白单独存在时都不能固氮，只有两者结合才具有固氮能力。钼还能提高豆科作物根瘤中脱氢酶的活性，加大氢的流入，增强固氮能力。缺钼土壤施用钼肥，能明显促进固氮植物的生长，增加根瘤的干重，从而使固氮能力也显著增加。

此外，钼促进植物体内有机磷化合物的合成，与植物磷的代谢有密切关系。钼影响植物繁殖器官的生长发育。缺钼时，玉米植株抽雄延迟，花粉少，花粉粒小又不含淀粉，蔗糖酶活性很低，萌发能力差。

（三）植物缺钼和钼中毒症状

1. 植物缺钼症状　植物缺钼症状因作物种类不同有较大差异。缺钼的一般症状是：叶片出现黄色或橙色大小不一的斑点，有些叶缘向上卷曲而呈杯状，部分叶片的叶肉脱落或叶片发育不全。严重缺钼时，叶片褪绿黄化，斑点变褐，叶缘萎蔫、枯焦而坏死。不同作物对缺钼表现出不同的敏感程度。对缺钼敏感的作物主要是十字花科植物、豆科作物和豆科绿肥作物，蔬菜作物中的叶菜类和禾本科作物需钼较少。

2. 植株钼中毒症状　茄科植物对过量钼较敏感，表现为叶片失绿，番茄和马铃薯小枝上呈现红黄色或金黄色；花椰菜植株呈深紫色。植物耐钼能力很强，对大多数植物而言，体内积累钼的浓度超过 100 毫克/千克时，通常看不到症状，只有超过 200 毫克/千克时才抑制生长，并出现毒害症状。在同样条件下，豆科作物对钼的吸收累积量比非豆科作物大得多。牲畜对钼非常敏感，牧草和饲料中的钼如超过 15～20 毫克/千克时，食草动物就会中毒。中毒程度还与植株含铜量有关，如饲料植物缺铜更易引起钼中毒。

六、植物锰素营养

（一）植物体内锰的含量和分布

植物体的正常含锰量一般为 20～100 毫克/千克，但作物种类与生长条件不同，含锰量相差很大。如麦类作物籽粒、茎秆含锰量分别为 16～40 毫克/千克和 30～350 毫克/千克，而豆类作物籽粒、茎秆含锰量分别为 14～80 毫克/千克和 110～130 毫克/千克。锰在植物中的分布与作物种类及生育期有关，如小麦含锰量随生育期而降低，分蘖期为 55～57 毫克/千克，返青至拔节期为 41～44 毫克/千克，抽穗期为 23～27 毫克/千克，收获期为 20～25 毫克/千克。一般小麦以叶片含锰量最高，茎秆其次，穗部最低。大豆叶片中锰的含量在各生育期比较稳定，如苗期、结荚期及成熟期分别为 130 毫克/千克、120 毫克/千克和 150 毫克/千克，成熟期的茎与荚均只有 30 毫克/千克。

（二）锰的营养功能

1. 参与光合作用　在光合电子传递系统中，锰参与氧化还原过程。

2. 参与酶的组成和激活剂　锰在植物代谢过程中起着多方面的作用，这些作用大多通过锰对酶功能的影响而实现。锰也是多种酶的活化剂，特别是对于糖酵解和三核酸循环中的各种酶。

3. 促进种子萌发和幼苗生长　锰能促进种子发芽和幼苗早期生长，加速花粉萌发和花粉管伸长，提高结实率，也可提早幼龄果树的结实年限。

此外，锰对加强茎的机械组织及对维生素 C 的合成也有良好影响。组织培养还证实，锰有利于侧根形成及细胞伸长；缺锰时，侧根生长几乎完全停止，根系中无液泡的小细胞数量显著增加。这表明缺锰抑制了细胞伸长，而加速细胞分裂。

（三）植物缺锰和锰中毒症状

1. 植物缺锰症状　植物缺锰时，通常表现为新生叶片失绿并出现杂色斑点，而叶脉仍保持绿色。燕麦对缺锰最为敏感，常出现燕麦灰斑病，因此常用它作为缺锰的指示作物。其特征是：首先新叶叶脉间呈条纹状黄化，并出现淡灰绿色或黄色斑点；严重时，叶片全部黄化，病斑呈灰白色而坏死，或叶片出现螺旋状扭曲，破裂或折断下垂。缺锰有时会影响植物体的化学组成，如缺锰的植株中往往有硝酸盐的积累，向日葵缺锰时体内有氨基酸的积累，这些变化均可作为缺锰诊断的参考。

2. 植物锰中毒症状　锰中毒的典型症状是在较老叶片上有失绿区包围的棕色斑点（即二氧化锰沉淀），但更明显的症状往往是由于高锰诱发其他元素如铁、镁和钙的缺乏症。高锰还能增加吲哚乙酸酶活性，使新生组织中生长素含量降低，丧失顶端优势而侧枝增多，因而形成丛枝病，这也是锰中毒的一个特征。

七、植物氯素营养

（一）植物体中氯的含量与分布

氯广泛地存在于自然界中，植物不仅可通过根系从土壤中吸收氯离子，也可通过叶片从空气中吸收氯素。植物体内氯的含量一般为 1～20 克/千克，相当于大量元素的含量范围。但植物正常生长发育所需要的含氯量一般在 150～300 毫克/千克，相当于或稍高于铁的含量，是钼的数千倍。

氯在植物体内的分布主要集中在营养器官中，籽粒中氯的含量很低。

（二）氯的营养功能

1. 参与光合作用　在光合作用中，氯作为锰的辅助因子参与水的光解反应，氯的作用位点在光系统Ⅱ。研究表明，在缺氯的条件下，植物细胞的增殖速度降低，叶面积减少，生长下降，但氯并不影响植株的光合速率。由此可见，氯对水光解 O_2 反应的影响不是直接作用，氯可能是含锰放氧系统中的一个辅助因子。

2. 调节细胞渗透压和气孔运动　植物吸收少量的阳离子如钾离子后，必须有相应的阴离子进行电荷补偿，以保持细胞内正负电荷平衡，从而产生膨压，促进植物的生长和发育。

3. 抑制病害发生　施用含氯肥料对抑制病害的发生有明显作用。

4. 其他作用　氯化物能激活利用谷氨酰胺为底物的天冬酰胺合成酶，促进天冬酰胺和谷氨酸的合成，这表明氯在氮素代谢过程中有重要作用。此外，适量的氯有利于碳水化合物的合成和转化，例如，氯能增加菜豆中碳水化合物、蔗糖和淀粉的含量。

（三）氯缺乏和氯中毒症状

1. 植物缺氯症状　植物缺氯的一般症状为叶片萎蔫、小叶卷缩、失绿。番茄缺氯时，首先是叶片尖端出现凋萎，尔后叶片失绿，进而呈青铜色，逐渐由局部遍及全叶而坏死。根系生长不正常，表现为根细而短，侧根少，植株不结实。甜菜缺氯的症状是：叶细胞增殖速率降低，叶片生长明显变慢，叶面积变小，并且叶脉间失绿。由于氯的供应来源广，仅大气、雨水中的氯就远远超过作物每年的需要量，即使在实验的水培条件下，由于空气的污染，也很难出现缺氯症状。

2. 植物氯中毒症状　土壤中含氯化物过多时，对某些作物的生长发育及其品质都是有害的。常见的氯中毒症状是：叶尖、叶缘呈灼烧状，青铜病，早熟性发黄及叶子脱落。烟草氯中毒，移栽 20 天后，最大叶下面的叶片边缘出现卷曲状。水稻氯中毒，叶片呈"八"字形或斑点状暗紫褐色斑，分蘖减少，稻株柔弱，成熟延迟，穗小而短，空壳率高，产量明显降低。对某些作物，施含氯肥料有时会影响产品品质，如氯会降低烟草的燃烧性，减少薯类作物的淀粉含量等。人们常把对氯敏感且易遭受毒害的上述作物称为"忌氯"作物。

第三章 测土配方施肥的实施步骤

测土配方施肥对促进粮食增产、农业增效、农民增收具有十分重要的意义和作用。测土配方施肥是一项科学性、应用性很强的农业科学技术，能达到 5 个方面的目标：一是增产目标，即通过测土配方施肥措施使作物单产水平在原有基础上有所提高，在当前生产条件下，能最大限度地发挥作物的生产潜能；二是优质目标，即通过测土配方施肥均衡作物营养，使作物在农产品质量上得到改善；三是高效目标，即做到合理施肥、养分配比平衡、分配科学，提高肥料利用率，降低生产成本，增加施肥效益；四是生态目标，即通过测土配方施肥，减少肥料的挥发、流失等浪费，减轻对地下水硝酸盐的积累和面源污染，从而保护农业生态环境；五是改土目标，即通过有机肥和化肥的配合施用，实现耕地养分的投入产出平衡，在逐年提高单产的同时，使土壤肥力得到不断提高，达到培肥土壤提高耕地综合生产能力的目的。

测土配方施肥是以土壤测试和肥料田间试验为基础，根据作物需肥规律、土壤供肥性能和肥料效应，在合理施用有机肥料的基础上提出氮磷钾及中量元素、微量元素等肥料的施用数量、施用时期和使用方法。正确认识测土配方施肥技术环节，对于推进测土配方施肥工作具有积极的作用。测土配方施肥技术包括"测土、配方、配肥、供应、施肥指导"5 个核心环节和"田间试验、土壤测试、配方设计、校正试验、配方加工、示范推广、宣传培训、效果评价、技术创新"9 项重点内容。

第一节　田间试验

一、肥料效应田间试验与测土配方施肥工作的关系

20 世纪 80 年代全国范围内开展的配方施肥工作，建立了我国主要土壤类型、主要农作物（大田作物）的土壤养分丰缺指标和推荐施肥指标体系。多年来，我国尽管也陆续开展了一些区域性的配方施肥工作，但没有再进行过全国规模的测土配方施肥工作，由于当前农民施肥方式已发生了巨大改变，大田作物产量水平、栽培方式等以及土壤肥力水平都发生了很大变化。因此，原有的土壤养分丰缺指标和推荐施肥指标等技术指标体系已不能适应目前生产的需求。另外，20 世纪 90 年代以来种植业结构的调整促使蔬菜、果树等经济作物面积不断扩大，而我国到目前为止基本没有建立自己的蔬菜、果树测土配方施肥指标体系。

因此，在全国范围内开展田间试验工作，建立我国不同区域、不同土壤类型、不同作物的适宜测土方法、土壤测试指标和相对应的推荐施肥指标是做好测土配方施肥的关键。

测土配方施肥不只是通过化验室分析结果，开个"方子"就可以'抓药'的简单过程。不同作物的肥料田间试验是了解肥料施用效果、作物生长状况和养分吸收过程及结果最直接、最有效的方法，是开展测土配方施肥工作的基础，是制订作物施肥方案和建议的首要依据，是建立作物施肥分区的前提。肥料田间试验也是研究、筛选、评价土壤养分测试方法，建立不同测试方法、施肥指标体系的唯一基础。因此，田间试验是测土配方施肥的基础，必须高度重视。

二、肥料效应田间试验目的

肥料效应田间试验是获得各种作物最佳施肥量、施肥比例、施肥时期、施肥方法的根本途径，也是筛选、验证土壤养分测试方法、建立施肥指标体系的基本环节，通过田间试验，掌握各个

施肥单元不同作物优化施肥数量、基肥和追肥分配比例、施肥时期和施肥方法；摸清土壤养分校正系数、土壤供肥能力、不同作物养分吸收量和肥料利用率等基本参数，构建作物施肥模型，为施肥分区和肥料配方提供依据。

三、试验设计

肥料效应田间试验设计取决于研究目的。主要采用的试验设计有"3414"完全实施方案、"3414"部分实施方案、"3414"扩展方案及有机肥试验设计等。

（一）"3414"完全实施方案

"3414"方案设计吸收了回归最优设计处理少、效率高的优点，是国内外应用较为广泛的肥料效应田间试验方案。"3414"是指氮、磷、钾3个因素、4个水平、14个处理。见表3-1。

表 3-1　"3414"试验方案处理

实验编号	处理	N	P	K
1	$N_0 P_0 K_0$	0	0	0
2	$N_0 P_2 K_2$	0	2	2
3	$N_1 P_2 K_2$	1	2	2
4	$N_2 P_0 K_2$	2	0	2
5	$N_2 P_1 K_2$	2	1	2
6	$N_2 P_2 K_2$	2	2	2
7	$N_2 P_3 K_2$	2	3	2
8	$N_2 P_2 K_0$	2	2	0
9	$N_2 P_2 K_1$	2	2	1
10	$N_2 P_2 K_3$	2	2	3
11	$N_3 P_2 K_2$	3	2	2
12	$N_1 P_1 K_2$	1	1	2
13	$N_1 P_2 K_1$	1	2	1
14	$N_2 P_1 K_1$	2	1	1

该方案除了可应用 14 个处理，进行氮、磷、钾三元二次效

应方程的拟合以外，还可以分别进行氮、磷、钾中任意二元或一元效应方程的拟合。例如，进行氮、磷二元效应方程拟合时，可选用处理 2、3、4、5、6、7、11、12，可以求得以 K_2 水平为基础的氮、磷二元二次效应方程；又如选用处理 2、3、6、11 求得以 P_2K_2 水平为基础的氮肥效应方程；选用处理 4、5、6、7 时可求得以 N_2K_2 水平为基础的磷肥效应方程；选用处理 6、8、9、10 可求得以 N_2P_2 水平为基础的氮肥效应方程。此外，通过处理 1，可以获得基础地力产量，即空白区产量。一般可不设置重复。

（二）"3414"的部分实施方案

要试验氮磷钾某一个或两个养分的效应，或因其他原因无法实施"3414"的完全实施方案，可在"3414"方案中选择相关处理，即"3414"的部分实施方案。这样既保持了测土配方施肥田间试验总体设计的完整性，又考虑到不同区域土壤养分的特点和不同试验目的的具体要求，满足不同层次的需要。如有些区域重点要检验氮、磷效果，可在 K 做肥底的基础上进行氮、磷二元肥料效应试验，但应设置 3 次重复。具体处理及其与"3414"方案处理编号对应列于表 3-2。

上述方案也可分别建立氮、磷一元效应方程。

在肥料试验中，为了取得土壤养分供应量、作物吸收养分量、土壤养分丰缺指标等参数，一般把试验设计为 5 个处理：无肥区（CK）、氮磷钾区（NPK）、无氮区（PK）、无磷区（NK）和无钾区（NP）。这 5 个处理分别是"3414"完全实施方案中的处理 1、处理 2、处理 4、处理 6、处理 8，如要获得有机肥料的效应，可增加有机肥处理区，还可检验某种中量元素、微量元素的效应。

处理的比较：试验要求测试土壤养分和植株养分含量，进行考种和计产。设计中，氮、磷、钾、有机肥用量应接近效应函数计算的最高产量施肥量或用其他方法推荐的合理用量（表 3-3）。

表 3-2　氮磷二元二次肥料试验设计与"3414"方案处理编号对应

"3414"方案处理统号	处理	N	P	K
1	$N_0 P_0 K_0$	0	0	0
2	$N_0 P_2 K_2$	0	2	2
3	$N_1 P_2 K_2$	1	2	2
4	$N_2 P_0 K_2$	2	0	2
5	$N_2 P_1 K_2$	2	1	2
6	$N_2 P_2 K_2$	2	2	2
7	$N_2 P_3 K_2$	2	3	2
11	$N_3 P_2 K_2$	3	2	2
12	$N_1 P_1 K_2$	1	1	2

表 3-3　常规 5 处理与"3414"方案处理编号对应

"3414"方案处理编号		处理	N	P	K
无肥区	1	$N_0 P_0 K_0$	0	0	0
无氮区	2	$N_0 P_2 K_2$	0	2	2
无磷区	4	$N_2 P_0 K_2$	2	0	2
无钾区	8	$N_2 P_2 K_0$	2	2	0
氮磷钾区	6	$N_2 P_2 K_2$	2	2	2

（三）"3414"扩展试验方案

为了增加肥料试验的信息量，开展"3414"扩展试验，其实施方案是在"3414"试验设计的基础上，增加 2 个水平，即 0.5 水平（超低量施肥水平），4 水平（超过量施肥水平）。试验设计为氮、磷、钾 3 个因素、6 个水平、20 个处理。水平分别为 0、0.5、1、2、3、4，其中 0、1、2、3 用量与"3414"试验的 0、1、2、3 用量相当。新增加的 2 个水平为 0.5 水平＝2 水平×0.25，4 水平＝2 水平×2（表 3-4）。

表 3-4 "3414" 扩展实施方案处理代码表

试验编号	处理	N	P	K
1	$N_0 P_0 K_0$	0	0	0
2	$N_0 P_2 K_2$	0	2	2
3	$N_1 P_2 K_2$	1	2	2
4	$N_2 P_0 K_2$	2	0	2
5	$N_2 P_1 K_2$	2	1	2
6	$N_2 P_2 K_2$	2	2	2
7	$N_2 P_3 K_2$	2	3	2
8	$N_2 P_2 K_0$	2	2	0
9	$N_2 P_2 K_1$	2	2	1
10	$N_2 P_2 K_3$	2	2	3
11	$N_3 P_2 K_2$	3	2	2
12	$N_1 P_1 K_2$	1	1	2
13	$N_1 P_2 K_1$	1	2	1
14	$N_2 P_1 K_1$	2	1	1
15	$N_{0.5} P_2 K_2$	0.5	2	2
16	$N_4 P_2 K_2$	4	2	2
17	$N_2 P_{0.5} K_2$	2	0.5	2
18	$N_2 P_4 K_2$	2	4	2
19	$N_2 P_2 K_{0.5}$	2	2	0.5
20	$N_2 P_2 K_4$	2	2	4

（四）有机肥和化肥配施试验

1. 试验目的 为了进一步探讨施用有机肥、有机肥与化肥配施以及有机肥料的利用效率等问题。根据实际情况，选取有代表性的有机肥品种进行田间试验。

2. 试验方案设计　试验采用正规小区试验，小区随机排列，设置 3 次重复，小区面积为 50 平方米（6 行 13.89 米），选择有代表性的地块，地势平坦，肥力均匀，中等肥力，试验地周围无建筑物、树林等遮阴物。试验处理如下：

处理 1：空白对照（不施肥处理）。

处理 2：NPK 最佳配施处理，用量同"3414"方案中处理 6 用量。

处理 3：化肥（NPK 用量比处理 2 减少 20%）＋有机肥（每 667 平方米用量 1 吨）。

处理 4：化肥（NPK 用量比处理 2 减少 20%）＋有机肥（每 667 平方米用量 2 吨）。

处理 5：化肥（NPK 用量比处理 2 减少 20%）＋有机肥（每 667 平方米用量 3 吨）。

（五）中量元素、微量元素施用效果试验

1. 试验目的　为了进一步探讨明确中量元素和微量元素的施用效果，在中产土壤上开展本项试验。

2. 试验方案设计　试验采用正规小区试验，小区随机排列，设 3 次重复，小区面积为 50 平方米（6 行 13.89 米），试验处理如下：

处理 1：对照 I（CK_1）：NPK 最佳配施处理，用量同"3414"方案中处理 6 用量。

处理 2：对照 II（CK_2）：CK_1＋硫黄 20 千克/公顷。

处理 3：施硫处理，CK_1＋硫黄 45 千克/公顷。

处理 4：施镁处理，CK_1＋硫酸镁 150 千克/公顷。

处理 5：施锌处理，CK_1＋硫酸锌 15 千克/公顷。

处理 6：施锰处理，CK_1＋硫酸锰 15 千克/公顷。

处理 7：施硼处理，CK_1＋硼砂 15 千克/公顷。

四、试验实施

（一）试验地的选择

试验地应选择地块平坦、整齐、均匀，具有代表性的不同肥力水平的地块。坡地应选择坡度平缓，肥力差异较小的田块。试验地应避开道路、堆肥场所等特殊的地块。

（二）试验作物品种选择

田间试验应明确所用的作物品种，一般应选择当地主栽作物品种或拟推广的品种。

（三）试验准备

精心整地，设置保护行；试验地区划；水田试验各个小区必须单灌单排，避免串灌串排；试验前多点采集土壤样品，根据测试项目不同，分别制备新鲜或风干混合土样。

（四）试验重复与小区排列

为保证试验精度，减少人为因素、土壤肥力和气候因素的影响，田间试验一般设 3～4 次重复（或区组）。采用随机区组排列，区组内土壤、地形等条件应相对一致，区组间允许差异。

小区面积：大田作物和露地蔬菜作物小区面积为 20～50 平方米，密植作物可小些，中耕作物可大些；小区宽度，密植作物不大于 3 米，中耕作物不小于 4 米。设施蔬菜作物一般为 20～30 平方米，至少 5 行以上。多年生果树类选择土壤肥力差异小的地块和树龄相同、株形和产量相对一致的单株成年果树进行试验，每个处理不少于 4 株。

（五）试验记载与测试

1. 试验地基本情况

地址信息：省、县、乡、村、邮编、地块、农户姓名。

位置信息：经度、纬度、海拔。

土壤分类信息：土类、亚类、土属、土种。

土壤信息：土壤质地（沙土、壤土、黏土）、土层厚度（≥60 厘米、30～60 厘米、<30 厘米）和土壤障碍因素（易旱、易涝、盐害、碱害）。

2. 试验地土壤养分测试　有机质、全氮、无机氮、有效磷、速效钾、中量元素、微量元素、pH 值，必要时进行土壤其他理化性状及植株营养诊断等。

3. 试验地气象因素　多年平均气温、当年气温、降水、日照、湿度等气候数据。

4. 填写前一二茬施肥情况　调查氮肥、磷肥、钾肥、有机肥等肥料种类、用量、价格。

5. 生产管理信息　灌水、中耕等。

6. 田间调查与监测　认真进行田间调查与监测。

7. 生育性状调查　因不同作物而异，选择关键生育期调查作物重要生育指标。

8. 收获期采集植株样品、进行考种和经济产量测试　可参照肥料效应鉴定田间试验技术规程（NY/T497－2002）执行。

9. 植株养分测试。

（六）试验收获与计产

试验小区作物全面积收获计产，单收单打；并采集小样室内考种。

（七）试验统计分析

常规试验和回归试验的统计分析方法参见：肥料效应鉴定田间试验技术规程（NY/T497—2002）。

（八）试验报告的撰写

撰写试验报告，包括试验目的、试验设计、田间管理、试验结果与分析、结论。

五、"3414"试验设计与实施过程中需要注意的问题

（一）"3414"试验中第二个水平（相对合理施肥量）的确定

"3414"试验中的第二个水平的确定非常重要，这是因为，如果第二个水平太低，则有可能造成得到的方程出现外推的情况（最佳施肥量超出第三水平）；如果第二个水平太高，又会造成设计的施肥水平离最佳施肥量太远，不能准确地捕捉到最佳施肥量的情况。原则上，应大量、系统地归纳和总结近年来的田间试验结果并根据试验田可能获得的目标产量，来设计第二个水平。

（二）"3414"试验中基肥和追肥比例的确定

大田作物上磷肥、钾肥一般作为基肥使用，而氮肥要分期施用，传统上习惯将大田作物的基肥、追肥比例按并重的理念各占1/2来进行分配。

提高氮肥利用效率的一个关键措施是作物的氮素需求与土壤、肥料的氮素供应同步。多年来我国大田作物的土壤肥力、栽培措施等已发生了深远的变化，因此有必要对传统的基肥和追肥各半的施肥方式进行修正。在20世纪80年代，由于土壤肥力低、施肥量低，因此必须重施基肥。目前，土壤供氮能力有了显著提高，施肥水平已数倍于提高。因此，不仅氮肥总量需要控制，基肥的比例要下调，在一底一追（返青或拔节）的情况下，在"3414"的试验设计中，宜将氮肥底肥用量控制在30%～40%。

（三）试验地设置

"3414"完全试验有14个处理，"3414"扩展试验有20个处理且设有3次重复，在平原地区，寻找面积符合要求的试验地设置3～4次重复是可以的，但是试验小区增多将带来试验管理和实施的困难。在丘陵地区或水稻产区，寻找面积符合要求的试验地是十分困难的。

从测土配方施肥田间试验的要求来看，不一定需要在每一个试验点设置重复，可以通过多年（2～3年）多点（最终20～30点）重复的办法。

（四）试验地选择的经验

以往的经验是基层农业技术人员往往喜欢选交通便利、便于观看的试验点和科技水平相对较高的农户，但这对全面了解总体情况是不利的。因此应特别强调在一定区域内选点的随机性和代表性，试验点应覆盖高中、低不同肥力的土壤。当然，试验管理的可靠性也要得到保障。

（五）基础土样的采集、保存与测试

开展大规模的田间试验是非常不容易的，试验获得的结果要尽可能完整。为建立测土施肥指标体系，试验的基础土样应采集较多量并妥善保存下来，以备：样品复查；如果采用新的测土方法，可以有足够的土样。

六、试验统计分析

统计分析是"3414"试验最后环节，以梨树县试验点为例。2006年梨树县在全县12个乡镇3个施肥类型区上进行了3414试验，各施肥类型区产量见表3-5，并初步建立了梨树县施肥系统。

表3-5 各施肥类型区及全县平均产量汇总表（千克/667米²）

处理	中部	西北部	南部	全县平均
1	496	335	509	450
2	540	380	522	488
3	594	502	639	575
4	562	491	632	555
5	607	519	679	595
6	677	573	731	656
7	627	548	700	618
8	582	498	612	562
9	615	535	627	603
10	633	575	684	626
11	615	554	664	606
12	611	527	628	588
13	615	538	661	601
14	595	535	616	581

（一）回归模型的建立

利用农业部制订的"3414"试验统计分析程序，分别建立了各试验点回归模型，并进行了F检验。分析结果表明，10个试验点均达到了显著水平，说明每个试验点氮肥、磷肥、钾肥和产量之间都存在明显的函数关系。在此基础上建立了 3 个施肥类型区和全县平均值的回归模型，见表 3-6。从表 3-6 可以看出，均达到了显著水平，而且相关系数均达到了 0.96 以上。由此可见，完全可以利用回归模型确定施肥量和产量的预测，可直接指导农业生产。

表 3-6　回归模型及 F 检验

项目	中部	西北部	南部	全县平均
B_0	503	328	517	456
N	5.800 5	16.175 4	7.924 3	9.332 1
P	23.313 9	34.691 9	30.642 0	28.173 5
K	16.219 4	9.275 5	7.263 8	13.620 8
NP	1.225 9	0.619 5	0.443 4	0.980 0
NK	1.143 5	1.893 4	3.393 7	1.787 9
PK	1.290 5	−1.547 5	−3.517 7	−1.886 4
N_2	−0.714 3	−1.085 5	−1.052 5	0.904 1
P_2	−2.955 2	−3.511 6	−1.297 9	−2.852 0
K_2	−2.156 7	−2.011 2	−2.327 8	−2.283 3
n	10	10	10	10
R	0.960 8	0.981 2	0.969 0	0.983 9
SY	21.828 3	23.921 1	27.357 9	17.321 5
F	5.342	11.517	6.832	13.449
F0.05	5.999	5.999	5.999	5.999
F0.01	14.659	14.659	14.659	14.659

（二）施肥决策

通过边际分析方法进行施肥决策。边际分析方法就是应用边际成本、边际收入、边际利润来进行成本、收入、利润等方面的分析，可计算出最高产量施肥量和经济施肥量等，见表 3-7。

表 3-7　施肥决策汇总表

类型	最高产量施肥量					经济施肥量				
	YMYR	N	P_2O_5	K_2O	N：P_2O_5：K_2O	YMEY	N	P_2O_5	K_2O	N：P_2O_5：K_2O
中部	644.70	13.26	5.46	5.64	1：0.41：0.42	626.43	7.57	3.91	3.85	1：0.51：0.50
北部	582.53	15.66	4.57	7.91	1：0.29：0.50	567.98	11.24	4.14	5.20	1：0.36：0.46
南部	699.58	12.40	8.33	4.08	1：0.67：0.32	691.56	11.02	5.07	5.07	1：0.46：0.46
平均	637.14	14.38	5.28	6.43	1：0.36：0.44	620.70	9.28	4.38	4.10	1：0.47：0.44

（三）肥效分析

1. 千克肥增粮　根据表 3-8 的经济施肥量、经济产量和无肥区产量可计算出氮、磷、钾平衡施肥时平均 1 千克肥增粮及氮肥、磷肥、钾肥所占的比重。平均 1 千克肥增粮 9.27 千克，其中氮肥（N）所占比率为 52.25％、磷肥（P_2O_5）为 24.66％、钾肥（K_2O）为 23.09％，见表 3-8。

表 3-8　各施肥类型区肥效分析表　　（1 亩＝667 平方米）

类型	经济施肥				增产（％）	化肥增产作用（％）	肥料成本（元/667 米²）	新增产值（元/667 米²）	投入产出比
	千克肥增粮（千克/667 米²）	N（％）	P_2O_5（％）	K_2O（％）					
中部	8.05	49.38	25.50	25.12	24.53	19.70	64.10	128.36	1：2.00
北部	11.66	54.61	20.11	25.28	73.16	42.25	85.66	249.57	1：2.91
南部	8.24	52.07	23.96	23.97	33.76	25.24	88.63	181.54	1：2.04
平均	9.27	52.25	24.66	23.09	36.11	26.53	74.59	171.28	1：2.29

2. 化肥的增产作用　利用经济产量和无肥区产量可求出化肥的增产百分率和化肥对玉米生产的贡献率，即化肥的增产作用。3 个施肥类型区化肥增产作用最大的是北部风沙区为 42.25％，最小的是中部为 19.7％，见表 3-8。

3. 投入产出比　利用经济产量和经济施肥量，分别计算出肥料成本和新增产值，并可求出投入产出比，平均为 1：2.29。其中氮肥 4.35 元/千克、磷肥 4.69 元/千克、钾肥 3.34 元/千克、玉米 1.04 元/千克，见表 3-8。

（四）相对产量

利用缺区的产量和施肥区的产量计算出缺氮、磷、钾的相对产量，见表 3-9。

（五）化肥利用率

利用施肥区产量和无肥区产量及百千克籽实需肥量可计算出肥料利用率，其中 N_1 为常规施肥、N_2 为最高施肥条件下的化肥利用率，以此类推，见表 3-9。

表 3-9　施肥参数汇总表

类型	相对产量（%）			肥料利用率（%）						土壤供肥系数			
	N	P	K	N_1	N_2	P_1	P_2	K_1	K_2	N	P	K
中部	79.77	83.05	85.94	25.12	9	25.26	9	39.98	14	0.53	0.93	0.40
北部	66.44	85.69	86.71	35.26	21	18.04	8	31.50	21	0.60	3.06	0.53
南部	71.36	86.47	83.66	38.41	17	21.78	9	50.19	19	0.66	1.73	0.73
平均	74.30	84.50	85.69	30.95	14	22.40	9	39.48	17	0.60	1.26	0.46

1. 各施肥类型区无论是氮肥、磷肥、钾肥，常规施肥条件下均比高投肥条件下肥料利用率高，说明目前生产上宏观指导施肥量比较合理。

2. 各施肥类型区的肥料利用率变化幅度较大，氮肥为25.12%～38.41%、磷肥为 18.04%～25.26%、钾肥为31.50%～50.19%，说明提高肥料利用率潜力很大。

3. 目前梨树县化肥利用率氮肥为30.95%、磷肥为22.40%、钾肥为39.48%，平均利用率为30.94%，和全国平均水平持平，但和发达国家比低 10%～15%，说明今后继续深入研究和全面开展平衡工作，多途径提高化肥利用率尤为重要。

（六）土壤供肥系数

在利用养分平衡法计算施肥量时，参数的准确程度是测土施肥的关键，通常 3 个主要参数均为变量，其中土壤供肥系数变异较大，所以在指导施肥中只有不断地修正参数，才能取得理想效果，见表 3-9。

第二节　土壤测试

土壤测试是测土配方施肥最为重要的技术环节之一，也是制订养分配方的重要依据。通过对国内外土壤测试方法研究进展的总结，在土壤有效养分浸提方法方面取得了较大的进展，采用一种浸提剂同时提取多种营养元素，并与现代仪器分析方法相结合，最大限度地提高测试速度和效率是目前主流的测试技术。Mehllch3（M3）是一种可同时提取土壤有效磷、钾、钙、镁、钠和微量元素养分的通用浸提剂，适合于酸性、中性土壤，而且在石灰性土壤上也取得了较好的效果，是适合我国主要区域土壤有效磷、有效钾和微量元素养分浸提的重要方法。通过对测试技术的学习，各级农业技术人员能够对土壤 M3 有效磷、钾和微量元素以及土壤有机质、土壤无机氮等项目进行测定分析，进而可为不同区域养分指标体系的建立提供可靠的测试技术保障。农业科研部门的专家通过对 M3 技术的研究，可以建立 M3 方法与常规方法丰缺指标的对应关系。

一、土壤样品的采集

土壤样品的采集应具有代表性，并根据不同分析项目采用相应采样和处理方法。土壤具有不均一性，特别是耕作施肥导致土壤养分分布不均匀。例如，条施和穴施、起垄种植、深耕等措施，均能造成局部养分差异，给土壤样品的采集带来了很大困难。如果外业采回的土壤样品不符合要求，那么任何精密仪器和熟练的分析技术都将毫无意义。

土壤样品是混合样品，是由很多采样点的样品混合组成的，从理论上讲，每个混合样品的采样点越多，样品的代表性就越高，一般情况下，采样点的多少，取决于采样地的面积、土壤的差异程度和试验研究所要求的精密度等因素。采样步骤为：

（一）采样前的田间基本情况调查

在田间取样的同时，调查取样地块的前茬作物种类、产量水平、施肥水平（详细内容请参见相关规定及表格），主要询问陪同调查的村社人员和地块所属的农户。

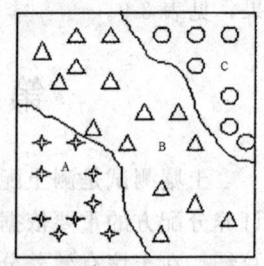

图 3-1

（二）采样单元

采样前要详细了解采样地区的土壤类型、肥力等级和地形等因素，将测土配方施肥区域划分为若干个采样单元，每个采样单元的土壤要尽可能均匀一致；如果地形不同（如坡地）还可以根据地形高低划分采样单元。当土壤和作物田间变异很大时，可适当缩小采样单元。如图 3-1 地势由 A 到 C 逐渐降低，可以根据地势划分为 A、B、C 3 个采样单元，平均每个采样单元为 6.67～13.34 公顷（平原区、大田作物每 6.67～33.34 公顷采一个混合样，丘陵区、大田园艺作物每 2～5.34 公顷采一个混合样）。为便于田间示范追踪和施肥分区需要，采样集中在位于每个采样单元相对中心位置的典型地块，面积为667～6 667平方米。

（三）采样时间

在作物收获后或播种施肥前采集。一般在秋后，果园在果实采摘后第一次施肥前采集。进行氮肥追肥推荐时，应在追肥前或作物生长的关键时期采集。

土壤中有效养分的含量随着季节的改变而有很大的变化，以速效磷、速效钾为例，最大差异可达 1～2 倍。土壤中有效养分含量随着季节而变化的原因是比较复杂的，土壤温度和水分是重要因素。温度和水分的影响，表土比底土明显，因为表土冷热变化和干湿变化较大。温度和水分还有其间接影响，例如冬季土壤中速效磷、速效钾均增加，在一定程度上是由于温度降低，土壤中有机酸有所积累，有机酸能与铁、铝、钙等离子络合，降低了这些阳离子的活性，增加了磷的活性，同时也有一部分非交换态钾转变成交换态钾。分析土壤养分供应时，一般都在晚秋或早春采集土样。总之，采取土样时要注意时间因素，同一时间内采取的土样分析结果才能相互比较。

（四）采样周期

同一采样单元，无机氮每季或每年采集一次，或进行植株氮营养快速诊断；土壤有效磷、速效钾每 2～3 年采集一次，中量元素、微量元素每 3～5 年采集一次。

（五）采样点定位

采样点参考县级土壤图，采用全球卫星定位系统，记录经纬度精确到 0.1″。

（六）采样深度

采样深度一般为 0～20 厘米，果园为 0～40 厘米。测定土壤硝态氮或无机氮含量时，采样深度应根据不同作物、不同生育期的主要根系分布深度确定。

（七）采样点数量

要保证足够的采样点，使之能代表采样单元的土壤特性。每个样品采样点的多少，取决于采样单元的大小、土壤肥力的一致性等，一般以 7～20 个点为宜。

（八）采样路线

采样时应沿着一定的线路，按照"随机"、"等量"和"多点混合"的原则进行采样。一般采用"S"形布点采样，能够较好地克服耕作、施肥等所造成的误差。在地形变化小、地力较均匀、采样单元面积较小的情况下，也可采用梅花形布点取样，要避开路边、田埂、沟边、肥堆等特殊部位。

（九）采样方法

每个采样点的取土深度及采样量应均匀一致，土样上层与下层的比例要相同、取样器应垂直于地面入土，深度相同。用取土铲取样应先铲出一个耕层断面，再平行于断面下铲取土。测定微量元素的样品，必须用不锈钢取土器采样。

（十）样品量

一个混合土样以取土量以 1 千克左右为宜（用于推荐施肥的取 0.5 千克，用于试验的取 2 千克），如果一个混合样品的数量太大，可用四分法将多余的土壤弃去。方法是：将采集的土壤样品放在盘子里或塑料布上，弄碎、混匀，铺成四方形，画对角线将土样分成 4 份，把对角的 2 份分别合并成 1 份，保留 1 份，弃去 1 份。如果所得的样品依然很多，可再用四分法处理，直至所需数量为止。

（十一）样品标记

将采集的样品放入统一的样品袋，用铅笔写好标签，内外各一张。

（十二）水田土样的采集

在水稻生长期间地表淹水情况下采集土样，要注意选择地面平坦的地方，这样采样深度才能一致。否则，会因为土层深浅的不同而使表土速效养分含量产生差异。一般，可用具有刻度的管形取土器采集土样。将管形取土器钻入一定深度的土层，取出土钻时，上层水即流走，将剩下的潮湿土壤装入塑料袋中，多点取样，组成混合样品，其采样原则与混合样品与大田采集相同。

（十三）采集混合样品的要求

1. 每一点采取的土样厚度应一致。

2. 各点都是随机决定的，在田间观察了解情况后，随即定点可以避免误差，提高样品的代表性。一般按"S"形线路采样。

3. 地点应避免田边、路边、沟边和特殊地形的部位以及堆过肥料的地方。

4. 混合样品是由均匀一致的许多点组成的。各点的差异不能太大，不然就要根据土壤差异情况分别采集几个混合土样，使分析结果更能说明问题。

5. 标签用铅笔注明采样地点、采土深度、采样日期、采样人，标签一式两份，一份放在袋里，一份贴在袋上。与此同时，要做好采样记录。

（十四）采集土壤样品的工具

采样方法随采样工具而不同，常用的采样工具为管形土钻。普通土钻使用起来比较方便，但它一般只适用于湿润的土壤，不适用于很干的土壤，同样也不适用于沙土。另外，普通土钻的缺点是容易使土壤混杂。管形土钻适用于大面积多点混合样的采集。土铲任何情况下都可使用，但比较费工。不同取土工具带来的差异主要是由于上下土体不一致造成的，这也说明采样时应注意采土深度、上下土体保持一致。

二、土壤样品的制备和保存

（一）样品制备的目的

从野外取回的土样，经登记编号后，都需经过一个制备过程——风干、磨细混匀、装瓶，以备各项测定之用。

样品制备的目的是：

1. 剔除土壤以外的侵入体（如植物残茬、昆虫、石块等）和新生体（铁锰结核和石灰结核等），以除去非土壤的组成部分。

2. 适当磨细充分混匀，使分析时所称取的少量样品具有较高的代表性，以减少称样误差。

3. 全量分析项目，样品需要磨细以使分解样品的反应能够完全和彻底。

4. 使样品可以长期保存，不致因微生物活动而霉坏。

（二）样品的风干

将采回的土样放在木盘中或塑料布上，摊成薄薄的一层置于室内通风阴干。为防止样品在干燥过程中发生成分与性质的改变，不能以太阳曝晒或烘箱烘干，即使因急需而使用烘箱，也只能限于低温鼓风干燥。在土样半干时须将大土块捏碎（尤其是黏性土壤），以免完全干后结成硬块难以磨细。风干场所力求干燥通风，并要防止酸蒸气、氨气和灰尘的污染。必要时应使用干净薄纸覆盖土面，避免尘埃异物等落入。

样品风干后，应拣去动植物残体，如根、茎叶、虫体等和石块、结核（石灰、铁、锰）等。如果石子过多，应当将拣出的石子称重，记下所占的百分数。

（三）土壤样品的制备

风干后的土样用木棍研细，使之全部通过 2 毫米孔径的筛子，有条件时可用土壤样品粉碎机粉碎。充分混匀后用四分法分成 2 份，1 份作为物理分析用，1 份作为化学分析用，即土壤 pH 值、交换性能、有效养分等测定之用。同时要注意，土壤不宜研得太细，而破坏单个的矿物晶粒。因此研碎土样时，不能用榔头锤打，因为矿物晶粒破坏后，暴露出新的表面，增加了有效养分的溶解。为了保证样品不受到污染，必须注意制样的工具容器、存储方法等。磨制样品的工具应取未上过漆的木盘、木棒或木杵。对于坚硬的、必须通过很细筛孔的土粒，应用玛瑙乳钵和玛瑙杵研磨，因玛瑙（SiO_2）可使任何土粒研细通过 100 目的筛孔，但不可敲击玛瑙制品，以免损坏。在筛分样品时，应取尼龙网眼的筛子，不用金属筛，以免过筛时因摩擦而使金属成分进入样品。

全量分析的样品包括有机质、全氮等的测定不受磨碎的影响，而且为了减少称样误差和使样品容易分解，需要将样品磨得更细。方法是：取部分已混匀的 2 毫米或 1 毫米的样品铺开，划成许多小方格，用骨匙多点取出土壤样品约 20 克，磨细使之全部通过 100 目筛子；测定硅、铝、铁的土壤样品需要用玛瑙研钵研细，瓷研钵会影响硅的测定结果。

（四）保存

一般样品用磨口塞的广口瓶或塑料瓶保存半年至 1 年，以备必要时查核之用。样品瓶上标签须注明样号、采样地点、土类名称、试验区号、深度、采样日期、筛孔等。

三、土壤测试

土壤养分测定是用土壤化学分析方法测定得出的土壤营养成分含量值，土壤养分测定值的大小，可以反映出土壤养分含量的多少和供肥状况，是衡量施肥效果和确定是否需要施肥的依据。此外，养分测定值还常用来进行不同土壤或不同田块土壤养分状况的比较。因此，土壤养分测定值不仅在田间施肥试验、植株营养诊断和施肥诊断中有着广泛的应用，而且对大田生产有着重要的指导意义。在测土配方施肥中，土壤养分测定值和田间试验结果是确定用什么肥、施多少量，是制订肥料配方和施肥措施的主要依据。随着土壤化学测试手段的不断改进，土壤养分测定值已在农业生产中普遍应用。

土壤测试方法包括 4 部分内容：第一部分为推荐方法，主要介绍以 M3 为主的土壤测试项目，包括土壤全氮、土壤无机氮、M3 有效磷、钾及微量元素的测定方法，通过实施测土配方施肥，建立我国不同区域新的养分指标体系及其与常规方法丰缺指标的对应关系；第二部分主要介绍以 ASI 方法为主的土壤测试项目；第三部分主要介绍目前采用的常规方法；第四部分为土壤快速测试方法，目的是为了氮肥的实时监控和追肥推荐提供测试技术手段。在应用时可根据测土配方施肥的要求和具体条件，选择相应的土壤测试方法。

测土配方施肥一般都需要测定土壤的无机氮、有效磷、速效钾，是否分析化验中、微量元素要根据当地的实际情况确定，综合考虑土壤类型、作物种类和农业生产水平等因素。如土壤中的钙、镁、硫、硅、锰、铜的含量比较丰富，一般不需要测定，但是在多年的水稻主产区需要测定土壤有效硅，玉米主产区需要测定土壤有效锌，小麦、油菜主产区需要测定土壤有效硼，大豆主产区需要测定土壤有效钼。

（一）M3 土壤有效养分的测定（推荐方法）

1. M3 土壤有效磷、钾、钙、镁、铁、锰、铜、锌的测定

（1）方法原理　M3 浸提剂中的 0.2 摩尔/升 HOAc－0.25 摩尔/升 NH_4NO_3 形成了 pH 值为 2.5 的强缓冲体系，并可浸提出交换性 K、Ca、Mg、Fe、Mn、Cu、Zn 等阳离子；0.015 摩尔/升 NH_4F－0.013 摩尔/升 HNO_3 可调控 P 从 Ca、Ai、Fe 无机磷源中的解吸；0.001 摩尔/升 EDTA 可浸出螯合态 Cu、Zn、Mn、Fe 等，因此，M_3 浸提剂可同时提取土壤中有效的磷、钾、钙、镁、铁、锰、铜、锌、硼等多种营养元素。

（2）浸出液中有效养分的测定

①M3 有效磷的测定　准确吸取 2～10 毫升土壤浸出液（依肥力水平而异）于 50 毫升容量瓶中，加水至约 30 毫升，加入 5 毫升钼锑抗试剂显色，定容摇匀。显色 30 分钟后，在 880nm 处比色。如冬季气温较低时，注意保持显色时温度在 15℃ 以上，最好在恒温室内显色，以加快显色速度，测定的同时做空白校正。

②M3 速效钾的测定　M3 浸出液中钾可直接用火焰光度计测定。

③M3 有效钙、镁的测定　M3 浸出液适当稀释后可直接用原子吸收分光光度计（AAS）测定。

④M3 有效微量元素含量的测定　M3 浸出液适当稀释后可直接用原子吸收分光光度计测定。

2. 土壤全氮的测定

（1）土壤全氮的测定方法　凯氏蒸馏法，本方法适用于各类土壤全氮含量的测定。

（2）测定原理　样品在加速剂的参与下，用浓硫酸消煮时，各种含氮有机化合物经过复杂的高温分解反应，转化为铵态氮。碱化后蒸馏出来的氨用硼酸吸收，以酸标准溶液滴定，求出土壤全氮含量。

（3）土壤硝态氮含量的测定　土壤硝态氮含量的测定方法：

紫外分光光度法，本方法适用于各类土壤硝态氮含量的测定。

（4）土壤水分的测定　土壤水分的测定方法：烘干法。土壤样品在恒温干燥箱中以 105℃±2℃ 烘至恒重，由土壤质量变化计算土壤含水量。本方法适用于除石膏性土壤和有机上（含有机质 20％以上的土壤）以外的各类土壤的水分含量测定。

（5）土壤酸碱度的测定　土壤酸碱度的测定方法：电位法。本方法适用于各类土壤 pH 值的测定。

（二）土壤养分常规分析方法

1. 土壤有机质的测定　土壤有机质的测定方法：油浴加热重铬酸钾氧化容量法。本方法适用于测定土壤有机质含量在 15％以下的土壤。

2. 土壤全氮的测定（见前文）

3. 土壤有效磷测定　测定方法：碳酸氢钠提取—钼锑抗比色法，本方法适用于石灰性土壤有效磷含量的测定，碱性或中性土壤也可参照使用。测定方法：氟化铵—盐酸提取—钼锑抗比色法。本方法适用于酸性土壤有效磷含量的测定。

4. 土壤交换性钾的测定　测定方法：乙酸铵提取—火焰光度计法。本方法适用测定各类土壤的速效钾含量。

5. 土壤有效硼的测定　测定方法：甲亚胺—H 比色法。适用范围：本方法适用于各类土壤的有效硼含量的测定。测定方法：姜黄素比色法。适用范围：本方法适用于：各类土壤的有效硼含量的测定。

6. 土壤有效铁、锰、锌的测定　测定方法：DTPA 浸提—原子吸收光谱法。本方法适用于石灰性土壤中有效铜、锌、铁、锰的测定，中性和酸性土壤也可以应用。

7. 土壤阳离子交换量的测定　测定方法：EDTA—乙酸铵盐交换法。本方法适用于中性、酸性土壤中阳离子交换量的测定。

8. 土壤有效硫的测定　测定方法：磷酸盐浸提——硫酸钡比浊法。本方法适用于各类土壤有效硫含量的测定。

第三节　肥料配方设计

肥料配方的设计分为基于田块的肥料配方设计和基于区域的肥料配方设计。农业科研部门的专家和各级农业技术骨干，对于基于田块的肥料配方设计，首先通过掌握的田块氮量实时监控施肥技术、磷钾养分慎量监控施肥技术、中微量元素养分矫正施肥技术、田间试验技术、农户调查数据分析方法，分析本区域土壤养分和农户施肥的基本状况，通过土壤养分测试结果和田间肥料效应试验结果，建立不同作物的土壤养分丰缺指标，根据每个田块的相关参数，提供肥料配方。而区域肥料配方的设计主要是依托田块的基本参数的确定，技术人员在全球卫星定位系统定位土壤采样与土壤测试的基础上，综合考虑土壤类型、土壤质地、种植结构、分析气象资料和作物需肥规律，借助信息技术生成区域性土壤养分空间变异图和区域施肥分区，最后针对区域内的主要作物，进行优化设计，提出不同分区的作物肥料配方。

基于田块的肥料配方设计，首先确定氮磷钾养分的用量，然后确定相应的肥料组合，通过提供配方肥料或发放配肥通知单，指导农民使用。肥料用量的确定方法主要包括土壤与植株测试推荐施肥方法、肥料效应函数法、土壤养分丰缺指标法和养分平衡法。

一、养分诊断法的优点

对于大田作物，在综合考虑有机肥、作物秸秆应用和管理措施的基础上，根据氮磷钾和中微量元素养分的不同特征，采取不同的养分优化调控与管理策略。其中，氮素推荐根据土壤供氮状况和作物需氮量，进行实时动态监测和精确调控，包括基肥和追肥的调控；磷钾肥通过土壤测试和养分平衡进行监控；中微量元素采用因缺补缺的矫正施肥策略，该技术包括氮素实时监控、磷钾养分恒量监控和中微量元素养分矫正施肥技术。

（一）氮肥推荐

氮肥的推荐是以肥料效应函数选优控制施氮总量，以土壤硝态氮测试进行基肥推荐和以土壤或植株硝酸盐测试为手段的追肥推荐的有机结合。通过施肥模型选优，确定某一地区氮肥优化用量的范围，以此控制氮肥施用总量，即根据土壤、植株测试确定的氮肥基肥和追肥总量应不超过氮肥优化用量范围的上限。如果实际应用中出现了超出上限的情况，应寻找其他生产限制因子并着力解决。

根据播前土壤硝态氮的测试，确定氮肥基肥用量。根据作物关键生育期土壤硝态氮的测试或植株硝酸盐的测试，确定氮肥追肥用量。

上述三者结合构成氮肥推荐的体系，但每一部分也可单独使用。

根据目标产量确定作物需氮量，以需氮量的 $30\%\sim60\%$ 作为基肥用量。具体基施比例根据土壤全氮含量，同时参照当地丰缺指标来确定。一般在全氮含量偏低时，采用需氮量的 $50\%\sim60\%$ 作为基肥；在全氮含量居中时，采用需氮量的 $40\%\sim50\%$ 作为基肥；在全氮含量偏高时，采用需氮量的 $30\%\sim40\%$ 作为基肥。$30\%\sim60\%$ 基肥比例可根据上述方法确定。并通过"3414"田间试验进行校验，建立当地不同作物的施肥指标体系，有条件的地区可在播种前对 $0\sim20$ 厘米土壤无机氮（或硝态氮）进行监测，调节基肥用量。

$$\frac{氮肥用量}{（千克/667 米^2）}=\frac{（目标产量需氮量-土壤无机氮）（30\%\sim60\%）}{肥料中养分含量\times肥料当季利用率}$$

其中：土壤无机氮（千克/667 米^2）＝土壤无机氮测试值（毫克/千克）$\times0.15$ 校正系数

氮肥追肥用量推荐以作物关键生育期的营养状况诊断或土壤硝态氮的测试为依据，这是实现氮肥准确推荐的关键环节，也是控制过量施氮或施氮不足、提高氮肥利用率和减少损失的重要措施。测试项目主要为土壤全氮、土壤硝态氮。此外，小麦可以通过诊断拔节期茎基部硝酸盐浓度、玉米最新展开叶叶脉中部硝酸盐浓度来了解作物氮素情况，水稻则采用叶色卡或叶绿素仪进行叶色诊断。

1. 磷、钾、中量元素肥料推荐　磷、钾和中量元素肥料的推荐是在土壤养分测定和评价的基础上，综合考虑养分的平衡状况，肥料的增产效益和施肥的经济效益进行推荐施肥。根据土壤养分状况和作物目标产量，通过对农田磷、钾和中量元素养分平衡的计算来确定磷、钾和中量元素肥料的用量。但钾肥需要考虑有机肥和秸秆还田带入的钾量，一般大田作物磷钾肥料全部做基肥。

对土壤磷、钾和中量元素含量较低，施肥增产效应较高的田块和作物，在施用有机肥基础上通过施用化肥来保证土壤养分有一定的盈余，以保证实现作物目标产量和不断提高土壤肥力。

对土壤磷、钾和中量元素含量适中的土壤，在施用有机肥基础上通过施用化肥来保证土壤养分的收支平衡，以保证实现作物目标产量和维持土壤肥力。

对土壤磷、钾和中量元素含量较高，施肥尚未显效的土壤，应强调有机肥料的施用，减少养分的亏缺。

2. 微量元素推荐　根据已有研究结果，因缺补施，对微肥显效的土壤合理施用微肥。考虑到土壤中微量元素的含量，因此并不完全强调微量元素养分的收支平衡，但强调通过生物学措施和其他措施有效地提高微量元素养分资源的利用效率。

（二）肥料效应函数法

根据"3414"方案田间试验结果建立当地主要作物的肥料效应函数，直接获得某一区域、某种作物的氮磷钾肥料的最佳施用量，为肥料配方和施肥推荐提供依据。

（三）土壤养分丰缺指标法

通过土壤养分测试结果和田间肥效试验结果，建立不同作物、不同区域的土壤养分丰缺指标，提供肥料配方。

土壤养分丰缺指标田间试验也可采用"3414"部分实施方案，详见"3414"方案中的处理 1 为无肥区（CK），处理 6 为氮磷钾区（NPK），处理 2、4、8 为缺素区（即 PK、NK 和 NP）。收获后计算产量，用缺素区产量占全肥区产量百分数即相对产量的高低来表达土地养分的丰缺情况，相对产量低于 50％的土壤养分为极低；50％～75％为低；75％～95％为中；大于 95％为高，从而确定出适用于某一区域、某种作物的土壤养分丰缺指标及对应的施用肥料数量，对该区域其他田块，通过土壤养分测定，就可以了解土壤养分的丰缺状况，提出相应的推荐施肥量。

（四）养分平衡法

1. 基本原理与计算方法　根据作物目标产量需肥量与土壤供肥量之差估算目标产量的施肥量，通过施肥补足土壤供应不足的那部分养分。施肥量的计算公式为：

$$施肥量（千克 / 667 米^2）= \frac{目标产量所需养分总量—土壤供肥量}{肥料中有效养分含量×肥料利用率}$$

养分平衡法涉及目标产量、作物需肥量、土壤供肥量、肥料利用率和肥料中有效养分含量五大参数。土壤供肥量即为"3414"方案中处理 1 的作物养分吸收量，目标产量确定后因土壤供肥量的确定方法不同，形成了地力差减法和土壤有效养分校正系数法两种。

地力差减法是根据作物目标产量与基础产量之差来计算施肥量的一种方法，其计算公式为：

$$\frac{施肥量}{（千克/667 米^2）} = \frac{（目标产量—基础产量）× \frac{单位经济产量}{养分吸收量}}{肥料中有效养分含量×肥料利用率}$$

基础产量即为"3414"方案中处理 1 的产量。

土壤有效养分校正系数法是通过测定土壤有效养分含量来计算施肥量。其计算公式为：

$$\frac{施肥量}{（千克/667 米^2）} = \frac{养分吸收量产量—测试值×0.15校正系数}{肥料中有效养分含量×肥料利用率}$$

2. 有关参数的确定 目标产量可采用平均单产法来确定。平均单产法是利用施肥区前3年平均单产和年递增率为基础确定目标产量，其计算公式是：

$$目标产量（千克）=（1+递增率）前3年平均单产$$

一般粮食作物的递增率以10%～15%为宜，露地蔬菜一般为20%左右，设施蔬菜为30%左右。

①作物需肥量 通过对正常成熟的农作物全株养分的化学分析，测定各种作物（常见作物平均百千克经济产量吸收的养分量），即可获得作物需肥量。

$$\frac{作物目标产量}{所需养分量（千克）}=\frac{目标产量}{100}×百千克经济产量所需养分量$$

②土壤供肥量 土壤供肥量可以通过测定基础产量、土壤有效养分校正系数两种方法估算。通过基础产量估算（处理1产量）：不施养分区作物所吸收的养分量作为土壤供肥量。

$$土壤供肥量（千克）=\frac{不施养分区农作物产量（千克）}{100}×\frac{百千克产量}{所需养分量}$$

通过土壤有效养分校正系数估算：将土壤有效养分测定值乘上一个校正系数，以表达土壤"真实"供肥量。该系数称为土壤有效养分校正系数。

$$校正系数（\%）=\frac{缺素区作物地上部分吸收该元素量（千克/667米^2）}{该元素土壤测定值（毫克/千克）×0.15}——肥料利用率$$

一般通过差减法来计算：利用施肥区作物吸收的养分量减去不施肥区农作物吸收的养分量，其差值视为肥料供应的养分量，再除以所用肥料养分量就是肥料利用率。

$$肥料利用率（\%）=\frac{施肥区农作物吸收养分量（千克/667米^2）-缺素区农作物吸收养分量（千克/667米^2）}{肥料施用量（千克/667米^2）×肥料中养分含量（\%）}×100\%$$

如果同时使用了不同品种的氮肥，应计算所用的不同氮肥品种的总氮量。

③肥料养分含量　供施肥料包括无机肥料与有机肥料，无机肥料、商品有机肥料含量按其标明量，不标明养分含量的有机肥料，其养分含量可参照当地不同类型有机肥养分平均含量获得。

二、县域施肥分区与肥料配方设计

在全球卫星定位系统定位土壤采样与土壤测试的基础上，综合考虑行政区划、土壤类型、土壤质地、气象资料、种植结构、作物需肥规律等因素，借助信息技术生成区域性土壤养分空间变异图和县域施肥分区，优化设计不同分区的肥料配方，主要工作步骤如下：

（一）确定研究区域

一般以县级行政区域为施肥分区和肥料配方设计的研究单元。

（二）全球卫星定位系统定位指导下的土壤样品采集

土壤样品采集要求使用全球卫星定位系统定位，采样点的空间分布应相对均匀，如每 6.67 公顷采集一个土壤样品，先在土壤图上大致确定采样位置，然后在标记位置附近采集多点混合土样。

（三）土壤测试与土壤养分空间数据库的建立

将土壤测试数据和空间位置建立对应关系，形成空间数据库，以便能在地理信息系统中进行分析。

（四）土壤养分分区图的制作

基于区域土壤养分分级指标。以地理信息系统为操作平台，使用 kriging 方法进行土壤养分空间插值，制作土壤养分分区图。

（五）施肥分区和肥料配方的生成

针对土壤养分的空间分布特征，结合作物养分需求规律和施肥决策系统，生成县域施肥分区图和分区肥料配方。

（六）肥料配方的验证

在肥料配方区域内针对特定作物进行肥料配方验证。

（七）施肥通知单

利用专家系统打印肥料配方及施肥通知单。

第四节　校正试验

校正试验的目的是为了检验肥料配方的准确性，最大限度地减少配方施肥批量生产和大面积应用的风险。具体由县级技术人员根据优化设计提出的不同施肥分区的作物肥料配方，在相应的施肥小区范围内布置配方验证试验，设置配方施肥区、农户习惯施肥区、空白施肥区3个处理，以当地主要作物的主栽品种为研究对象，计算配方施肥小区的增产效果，校验施肥参数，验证并完善肥料配方。县级技术人员通过校正试验可以改进测土配方施肥的技术参数，掌握配方验证过程和最终配方的形成过程。

每667公顷测土配方施肥田设2～3个示范点，进行田间对比示范。示范设置常规施肥对照区和测土配方施肥区两个处理，另外，加设一个不施肥的空白处理。其中测土配方施肥、农民常规施肥处理不少于200平方米，空白（不施肥）处理不少于30平方米，其他参照一般肥料试验要求。通过田间示范，综合比较肥料投入、作物产量、经济效益、肥料利用率等指标，客观评价测土配方施肥效益，为测土配方施肥技术参数的校正及进一步优化肥料效率配方提供依据。田间示范应包括规范的田间记录档案和示范报告。

一、结果分析与数据汇总

对于每一个示范点，可以利用3个处理之间产量、肥料成本、产值等方面的比较从增产和增收等角度进行分析，同时也可以通过测土配方施肥产量结果与计划产量之间的比较进行参数校验。

二、增产率

配方施肥产量与对照（常规施肥或不施肥处理）产量的差值

相对于对照产量的比率或百分数。

$$增产效率\ A = \frac{Y_p - Y_k\ (\text{或}\ Y_c)}{Y_k} \times 100\%$$

其中：A 为增产率；$Y_p\alpha$ 为测土配方施肥产量（千克/667米^2）；Y_k 为空白产量（千克/667米^2）；Y_c 为常规施肥量（千克/667米^2）。

三、增收

可以分两个方面进行分析：

一个方面是测土配方施肥比不施肥处理增加的收益。计算时，首先根据各处理产量、产品价格、肥料用量和肥料价格计算各处理产值与施肥成本，然后计算配方施肥新增纯收益。

$$增收(I) = [Y_p - Y_k\ (\text{或}\ Y_c)]P_y - \sum_{i=1}^{n} F_i \times P_i$$

其中：I 为测土配方施肥比对照（或常规）施肥增加的收益，为元/667米^2；Y_p 为测土配方施肥的产量为（千克/667米^2）；Y_k 为空白对照的产量（千克/667米^2）；Y_c 为常规施肥的产量（千克/667米^2）；P_y 为产品价格（元/千克）；F_i 为肥料用量（千克/667米^2）；P_i 为肥料价格（元/千克）。

四、产出投入

简称产投比，是施肥新增纯收益与施肥成本之比。可以同时计算配方施肥的产投比和空白对照（或常规施肥）的产投比。

$$产投比(D) = \frac{[Y_p - Y_k(\text{或}\ Y_c)]P_y - \sum_{i=1}^{n} F_i \times P_i}{\sum_{i=1}^{n} F_i \times P_i}$$

其中：D 为产投比；Y_p 为测土配方施肥的产量（千克/米^2）；Y_k 为空白对照的产量（千克/米^2）；Y_c 为常规施肥的产量（千克/米^2）；P_y 为产品价格（元/千克）；F_i 为肥料用量（千克/米^2）；P_i 为肥料价格（元/千克）。

第五节 配方加工

最终肥料配方形成后，肥料企业的研发人员以各种单质或复混肥料为原料，考虑各原料肥的适混适配性质，生产出合格的配方肥料。目前有两种配方方式：农民根据各级农业技术推广部门推荐的配方建议卡自行购买各种肥料配合施用；由肥料企业（或配肥企业）按照配方加工配方肥料，农民购买施用适合当地土壤养分特征的配方肥料。从农业技术推广部门研发的配方到农民最终购买的配方肥料，以市场化运作、工厂化生产、连锁化经营，这种流通模式最具活力。

第六节 示范推广

针对测土配方施肥农户地块的测土结果和作物种植类型，编制测土配方施肥建议卡，由技术人员和村委会发放到户，在农技员指导下完成最后的施肥环节；或者根据不同施肥分区指导施用配方肥。要建立测土配方施肥示范区，为农民创建窗口，树立样板，全面展示测土配方施肥技术效果。测土配方施肥的示范推广工作是将测土配方施肥技术物化的产品，将生产出的配方肥推荐给广大农民，直接应用在农民的地里。

每667公顷测土配方施肥田设2～3个示范点，进行田间对比示范。示范设置常规施肥对照区和测土配方施肥区两个处理，另外，加设一个不施肥的空白处理。其中测土配方施肥、农民常规施肥处理不少于13.34公顷时，空白（不施肥）处理不少于2公顷。其他参照一般肥料试验要求，通过田间示范综合比较肥料投入、作物产量、经济效益、肥料利用率等指标，客观评价测土配方施肥效益，为测土配方施肥技术参数的校正及进一步优化肥料配方提供依据。田间示范应包括规范的田间记录档案和示范报告。

第七节　宣传培训

一、对各级农业技术推广人员、肥料企业的研发和销售人员、肥料经销商进行培训

保证测土配方施肥各个技术环节的科学性、完整性和公益性。农业技术推广部门、肥料企业、经销商等有关的技术人员，通过培训能够掌握测土配方施肥工作中的土壤植株测试技术、配方设计技术、配方肥料生产技术和销售技巧。农民是测土配方施肥技术的最终使用者，因此测土配方施肥最为重要的宣传和培训是对农民的技术培训和指导，使农民具备科学施肥的意识、掌握科学施肥的技术，这也是整项工作的核心目的。

（一）技术培训的内涵

为了做好测土配方施肥工作，提高测土配方施肥工作的效果和效率，有必要对省地县的技术骨干以及试点区农民进行技术和管理的培训，使之在知识、技能和态度上有所提高和改变。任何培训都要有特定的目的，测土配方施肥培训要使学员学到知识和技术，提高他们的业务素质，通过培训使各级技术骨干和农民获得测土配方施肥在测土、配方、配肥、供肥和施肥等 5 个核心环节的新知识、新技能、新方法。

培训的方法有两种：一种是以培训者为中心的培训和学习模式，另一种是以受训者为中心的培训和学习模式。测土配方施肥的培训倾向于在两个模式结合的前提下各有侧重。培训省地县技术骨干时，应该以培训者——专家为中心的培训和学习模式为主；在培训试点县农民时，应该以受训者——农民为中心的培训和学习模式。

（二）各级技术人员培训

在测土配方施肥培训工作中，受训的技术人员分为省级、

地、县、乡镇基层的农业技术人员。对于不同的技术人员因受训者的不同，培训的目标就会不一样，在培训内容的设计上也应有所差别。

各级农业技术人员的测土配方施肥培训，总目标应该集中在正确认识和掌握测土配方施肥技术链条的各个环节。作为省级的农业技术骨干，培训的目标是要全面而深入的了解测土配方施肥的技术流程、核心环节、关键技术、操作程序和方法。专题目标是：需要明确测土配方施肥工作的目的和意义，并掌握肥料效应田间试验的布置、样品采集与制备的方法、土壤与植株测试的技术、田间基本情况调查的实施、肥料配方设计的技术、配方肥料合理施用的技术、示范及效果评价的方法等。

而县、乡镇级农业技术人员培训，目标的核心应该反映在全面掌握肥料效应田间试验的布置、样品的采集和制备、土壤与植株的测试分析、田块基本情况的调查、配方肥料施用的技术以及技术的示范推广等。

确定培训内容按照省地级农业技术骨干和县、乡镇农业技术人员所侧重的培训目标的不同，可以将培训的内容和受训程度设定，其中各级农业技术技术人员的受训程度依照深浅分为全面掌握、一般掌握、深入了解、一般了解 4 个级别。

（三）培训方式

对各级技术人员的培训，一般采取培训班授课为主，考察现场、互相交流为辅的方式。根据不同的培训内容采取最能达到培训目标的培训方式。对于具体技术环节的培训，还需要教师的现场演示和学员的实际操作训练。

二、农民培训

农民是测土配方施肥工作的最终落实对象和直接受益者，因此，对农民的培训和各级技术人员的培训无论是目标还是培训的内容差别都很大。对农民培训的目标就是让农民理解测土配方施肥的现实和长远意义，掌握配方肥料施肥技术；围绕各种作物，突出合理选择肥料品种、确定施肥数量、把握施肥时期和改进施肥方法等作为其受训的重点内容。

第八节　效果评价

农民是测土配方施肥技术的最终执行者和落实者，也是最重受益者。检验测土配方施肥的实际效果，及时获得农民的反馈信息，不断完善管理体系、技术体系和服务体系。同时，为科学评价测土配方施肥的实际效果，必须对一定的区域进行动态调查。

一、测土配方施肥中农户调查数据的获取与分析

（一）调查农户选择方法和数据获取方法

农户是测土配方施肥的具体应用者，通过收集农户施肥数据进行分析是评价农户测土配方施肥的重要手段，也是反馈修正肥料配方的基本途径。因此，如何选取被调查的农户和获取被调查农户施肥的相关数据是非常重要的。

（二）调查农户抽样方法的选择

抽样方法与调查目的密切相关。在抽样调查时，最理想的抽样方法是简单随机抽样（也叫纯随机抽样）。但是这种抽样方法由于实践起来非常不方便，所以只是在局部调查时采用，而在大规模的调查时一般采用下面几种抽样调查的方法，即等距抽样、类型抽样、整群抽样、多阶抽样、二重抽样、比率抽样。实际上具体的每个抽样都可能是各种抽样方法的组合，既要考虑精确度，还要根据客观情况考虑方便性，不能一概而论。针对测土配方施肥农户调查，建议选择采取随机取点、对称等距抽样方法。

随机取点、对称等距的抽样方法，就是将总体各单位按一定标志或次序排列成图形或一览表式（也就是通常所说的排队），然后任意抽取总体中的某个单位作为起点，按相等的距离或间隔抽取样本单位。这种抽样方法的特点是：抽出的单位在总体中是均匀分布的，而且抽取的样本可少于纯随机抽样。因此，较适合

测土配方施肥调查中每个县抽样农户相对于全国农户总数较小的特点。

测土配方施肥，要求每个实施县均要进行农户调查。每个县抽选 100 个农户，每个县相对集中选 2～3 个典型乡（镇），每个乡镇选 3～5 个村，每村选 10～12 户。

下面介绍具体抽样的方法：以某县为例，假设该县辖 15 个乡（镇），采取随机抓阄的方法进行 15 个乡镇的排序，按照抓阄的顺序将 15 个乡镇编为 1～15 号；随机抽取一个乡镇，假设抽中了序号为 6 的乡镇，再按对称等距的方法，分别间距 4 个序号，再抽选序号为 1 和 11 的乡镇，这样序号为 1、6、11 的乡镇就作为本次调查的目标乡镇。假设抽中了序号为 3 的乡镇，那么调查的目标乡镇的序号就是 3、8 和 13；如果被调查县所辖乡镇数量介于 10～15，那么对称间距就采用 3 个序号；如果被调查县所辖乡镇数量大于 15 个，对称间距就采用 5 个序号。

然后分别在确定的 3 个调查目标的乡（镇）内按照随机取点、对称间距的方法抽取调查目标村，方法与由县抽取乡（镇）的方法完全相同。再采用简单随机抽样的方法确定调查农户，即在确定的调查目标村内纯随机的抽取样本农户，假设调查目标村共有 400 户，那么就将全村所有农户对应户主姓名进行编号为 1～400 的排序，从 1～400 个号码中随机任意抽选 10～12 个农户，作为最终的调查农户。

如果调查中涉及实施测土配方施肥和没有实施测土配方施肥两类农户，则需要按照上述方法同时抽取两类农户进行调查。如果目标村没有全面实施测土配方施肥，采用测土配方施肥的农户又分散在全村，可以采取成对抽取的方法，即可以将目标村的农户分成两组，首先在实施测士配方施肥农户组，按照上述抽样方法，随机抽取 10～12 实施测土配方施肥的农户。然后，调查一个与其作物生产条件比较接近的，并且没有实施测土配方施肥的农户。进行数据分析时，采用成对数据的统计方法。当然，也可以分别在实施和没有实施测土配方施肥的两组农户中分别随机抽取 10~12 个农户进行调查，但统计时要采用分组资料统计方法。

（三）调查农户数据的获取方法

被调查农户确定后，要收集农户（地块）施肥的信息和数据，填写调查表。调查表的填写有 3 种方式：一由被调查农户自身填写，二由村社干部调查填写，三由农业技术人员调查填写。前两种方式问卷的返回率比较低、质量差、问题多、速度慢，后一种方式质量高、费用大。

（四）注意事项

农户调查是测土配方施肥行动中非常重要的工作，涉及大量的数据和信息，其获取途径主要是通过农户访谈。由于农户生产情况千差万别，文化水平参差不齐，数据质量好坏和数据的处理分析就成了这项工作成败的关键。因此，在调查中要注意以下几个问题：

1. 调查农户的代表性　农户是否有代表性直接关系到最后结果是否真正反映了当地情况，因此，在选取农户时一定要按照要求去做，不能为了方便而随便找一些农户进行调查。

2. 数据真实性　农户调查表格要由技术人员在与农民交谈过程中填写，调查人员应对数据进行多途径核实，例如看实物（化肥包装袋）、从另外角度提问题印证等。调查人员要保持认真的态度，不要轻易将调查表交给农民填写，因为许多农民不知道调查的重要性，不了解调查内容，很容易填错。

3. 数据的准确性　数据的准确性不但涉及农户调查获取数据的过程，也涉及数据的处理和分析。农户调查中，要注意避免出现一些常见的错误：

（1）单位问题　这需要调查人员在填表时折算到表格规定的单位。

（2）名称问题　对于作物、化肥等名称，农民的叫法千差万别，但调查人员在填表时要尽量统一，不然会给统计分析带来很多麻烦。

（3）**数量问题**　农民很多时候无法给出准确数量，而是给出一个大约值，这时需要调查人员进一步核实，如作物产量，有的农民可能只说明收获了几袋粮食，这时需要亲自看看袋子大小，甚至称量一下，调查人员可以根据每袋重量来判断。

二、田间基本情况调查

（一）调查目的

测土配方施肥是一项技术性很强的工作，配方设计和校验除了依靠测土结果之外，还经常需要参考测土样点的土壤性状、前茬作物种类、施肥水平和栽培管理等信息。因此，在田间取样的同时，要求进行田间基本情况调查。

（二）调查内容

在田间取样的同时，调查田间基本情况。主要调查内容包括取样地块的土壤基本性状、前茬作物种类、产量水平和施肥水平等。具体调查请按照测土配方施肥相关调查表格要求内容（请自行请参照农业部相关调查文件及表格文件）来进行，在开展调查前，调查人员一定要仔细阅读填表说明，领会每项内容的真实含义。

（三）调查方法

土壤基本性状由取样人员现场调查，利用全球卫星定位系统记录该地块地理坐标，同时判断土壤类型、土壤质地、土灌排水性、地形和土层厚度，确定土壤障碍因素与土壤肥力水平；询问陪同取样调查的村组人员和地块所属农户该田块的前茬作物种类、产量、施肥和灌水情况等。

三、调查数据的统计与利用

调查数据的统计与利用是一项非常重要的工作，利用这些数据不但可以评价测土配方施肥的效果，也可以了解本地区作物总体施肥情况并找出农户施肥时存在的问题，了解农户在某个地区或某个作物上长期施肥习惯和施肥量的变化，从而更好地进行不同环节的肥料调控，还可以用以评价测土配方施肥的准确性，进而检验测土配方施肥的技术水平。所以拿出测土配方施肥调查表后，首先要对表格进行整理，对表格中的数据从以下几方面进行总结：

（一）测土配方施肥效果评价的常用指标

通常从养分投入量、作物产量、经济效益等方面进行测土配方施肥效果的评价。可以通过对比两类农户（田块）氮磷钾养分投入量来检验测土配方施肥的节肥效果，也可利用公式（1）、（2）、（3）来分析测土配方施肥的增产效率、增收情况与投入产出效率。

$$增产效率 \cdot A = \frac{Y_p - Y_c}{Y_c} \times 100\% \qquad (1)$$

式中 A 为增产率；Y_p 为测土配方施肥产量（千克/公顷）；Y_c 为常规施肥（或实施测土配方施肥前）的产量（千克/公顷）。

$$增收(I) = [Y_p - Y_c]P_y - \sum_{i=1}^{n} F_i \times P_i \qquad (2)$$

式中 I 为测土配方施肥比常规施肥增加的收益（元/公顷）；Y_p 为测土配方施肥产量（千克/公顷）；Y_c 为常规施肥（或实施测土配方施肥前）的产量（千克/公顷）；P_y 为代表产品价格（元/千克）；i 为肥料种类；F_i 为第 i 种肥料用量（千克/公顷）；P_i 为第 i 种肥料价格（元/千克）。

$$产投比(D) = \frac{(Y_p - Y_c)P_y - \sum\limits_{i=1}^{n} F_i \times P_i}{\sum\limits_{i=1}^{n} F_i \times P_i} \qquad (3)$$

式中 D 为产投比；Y_p 为测土配方施肥的产量（千克/公顷）；Y_c 为常规施肥或实施测土配方施肥前的产量（千克/公顷）；P_y 为产品价格（元/千克）；i 为肥料种类；F_i 为肥料用量（千克/公顷）；P_i 为肥料价格（元/千克）。

（二）测土配方施肥效果的评价方法

1. 农户（田块）测土配方施肥前后的比较　对农民执行测土

配方施肥前后的养分投入量、产量、效益进行评价。通过整理测土配方施肥农户调查表格中的数据，比较农户（田块）采用测土配方施肥前后氮磷钾养分投入量来检验测土配方施肥的节肥效果；也可利用公式（1）（2）（3）计算测土配方施肥的增产率、增收情况和投入产出效率进行比较。

2. 测土配方施肥农户（田块）与常规施肥农产（田块）的比较　根据对测土配方施肥农户（田块）与常规施肥农户（田块）调查表的汇总分析，对农民执行测土配方施肥后的养分投入量、产量、效益进行评价。通过比较农户（田块）采用测土配方施肥后与常现施肥氮磷钾养分投入量来检验测土配方施肥的节肥效果，也可利用公式（1）（2）（3）计算测土配方施肥的增产率、增收情况和投入产出效率进行比较。

3. 测土配方施肥5年跟踪调查分析　从农民执行测土配方施肥5年中的养分投入量、产量、效益进行评价。通过比较5年来跟踪收集到的测土配方施肥中的农户（田块）采用测土配方施肥前后氮磷钾养分投入量来检验测土配方施肥的节肥效果，也可利用公式（1）（2）（3）计算5年间测土配方施肥的增产率、增收情况和投入产出效率并进行评价。

四、本地区各种作物施肥总体状况的评价

了解当地作物施肥的总体状况评价肥料投入的合理性，也是测土配方施肥工作中不可缺少的内容，这项工作需要本项调查的数据。当调查大量样点时，可以根据各种作物的肥料投入状况进行统计分析，如计算当地各种作物常规平均施肥量、常用的肥料品种和施肥方式，与配方施肥推荐方案相比存在的主要问题；也可以通过地块和区域的差异，找出最需要关注的地方作为配方施肥的重点工作区域。对作物施肥状况的评价举例如下：

对一种作物来说其施肥状况应包括氮磷钾用量、比例、基肥和追肥比例，主要肥料品种有机肥用量、有机和无机肥料养分比例等方面。当确定了一个地区（省、市或县）之后，就可根据农

户调查数据来计算上述的各种参数，进而分析具体作物的总体施肥状况。一般需要计算平均数、农户样本分布等，平均数反映了当地的习惯施肥水平，可以从总体上来看当地施肥量是高了还是低了；农户样本分布反映了农户施肥的差异程度，可以看出有多少农户施肥超量、有多少合理、有多少不足。

（一）氮磷钾用量

首先将各农户（或田块）调查表中同一种作物上的各种肥料的实物量折纯，方法是：每种肥料的数量分别乘以其氮磷钾含量，求这种作物的所有肥料的氮、磷、钾折纯量的总和，即为该户（或地块）这一作物上氮磷钾的平均投入量；之后对各个农户施肥量逐个检查，剔除异常数据，例如，有的农户施肥量特别高，而当地不可能施这么多，就有可能是异常数据，需要剔除。然后，将该地区所有农户的平均施肥量再平均，即得到该地区这种作物的平均施肥量。也可以对所有农户平均施肥量进行分组，计算各组样本数，可得样本分布表或图。

（二）氮磷钾比例

根据上面的氮磷钾用量就可以计算各种作物的氮磷钾比例，除了计算平均量，还可以分析氮磷钾比例的分布状况，或者根据一定指标进行分组，然后计算各组的氮磷钾平均比例，进而分析氮磷钾比例与分组指标的关系。

（三）有机和无机肥料养分比例

分别计算有机肥和无机肥氮磷钾的平均用量，然后进行比较即可，也可以根据一定指标进行分组，然后计算各组的有机和无机肥料养分数量，进而分析有机和无机肥料养分数量与分组指标的关系。

（四）施肥时期和底追比例

在计算各种作物施肥量时，可以分别计算底肥和追肥的氮磷钾平均用量，然后分析底追比例的合理程度。如推荐施肥中施肥总量可以根据产量确定，一般要求包括有机肥在内，底肥氮量应占全年的 30%～60%，其余用作追肥。还可以根据调查结果进一步分析造成底肥比例不合理的原因，例如，可能是追肥用量合适，而底肥用量偏高；也有可能是基肥用量合适，而追肥用量偏低。

（五）肥料品种

各农户的肥料用量可以不折算成纯养分，而直接计算每一肥料品种的平均用量、施用面积比例等参数，然后再进行评价。计算方法是：将本地区所有农户的该种肥料用量数据乘以各自面积再加和，除以总面积（可以是总调查面积，也可以是施用该种肥料的面积，注意含义的区别），即可计算得到该地区该作物上该种肥料的加权平均用量；求所有施用该种肥料的农户作物面积的总和，再除以总调查面积乘以 100，即得施用面积比例。

五、测土配方施肥准确度的评价

从目标产量与实际产量的吻合度，对测土配方施肥技术准确度进行评价。主要以比较测土推荐的目标产量和实践执行测土配方施肥后获得的产量差异来判断技术的准确度，找出存在的问题和需要改进的地方，包括推荐施肥方法是否合适、采用的配方参数施肥是否合理、丰缺指标是否需要调整等，也可以作为配方人员技术水平的评价指标。

六、注意事项

（一）数据处理过程的错误

由于农户调查涉及户数多、数据量大，一般要录入计算机进行处理，经常会出现录入错误。在录入时一定要保证数据正确，一般情况下应该由两人完成，一人录入，一人校验。同时，在数据进行统计分析时要检查数据的正确性，可以对数据进行排序，对极端值进行检查，看是否有录入错误。

（二）数据分析方法的多样性

农户数据信息量大，可以进行多种分析。本文只是介绍了有限的几种，各地技术人员还可以利用此数据进行更多的分析，根据需要可以参考有关文献。

第九节　技术创新

　　测土配方施肥工作的基础性研究环节，即农业科研、教学单位的专家，各级农业技术推广部门和肥料企业的相关技术人员在田间试验方法，土壤和植株测试分析技术，肥料配方形成与配方肥生产，试验数据和农户数据采集与处理方法，项目评估土壤养分丰缺指标体系，施肥指标体系建立等方面开展创新性的研究工作，这是保证测土配方施肥工作发挥长效作用的科技支撑。

第四章 各种主要作物需肥特性与配方施肥技术

第一节 玉米需肥特性与配方施肥技术

吉林省地处黄金玉米带，玉米是吉林省重要的粮食作物，同时也是稳产高产作物。吉林省玉米播种面积最大，玉米产量居粮食作物之首，玉米的产量高低直接影响吉林省的粮食总产量。

一、玉米需肥特性

（一）玉米生长发育需要多种营养元素

农业生产中玉米常施用的主要肥料是氮、磷、钾 3 种，也有施用锌、铜、硼和钼等微量元素的。不施用的元素不是不重要，而是玉米对它们的需要量很少，土壤中的含量基本上能满足供应。在各种必需的营养元素中，一旦缺乏其中的任何一种，都会引起玉米生理生态方面的抑制作用，表现出特殊的症状。

1. 缺氮　氮素对玉米生长发育的影响很大，玉米在生长初期氮素不足时幼苗生长缓慢，叶片狭长，叶色淡绿；拔节抽穗期除全株叶色褪绿外，植株下部叶片先是尖端发黄，然后黄色沿主脉向内扩展，形成"V"字形，严重时整个叶枯死变褐，植株生长矮小，雌穗发育延迟或不能发育；花粒期缺氮，籽粒灌浆受阻，以至植株早枯衰亡。

2. 缺磷　玉米在整个生长发育过程中，有两个时期最容易缺磷。第一个时期是幼苗期：玉米从发芽至三叶期前，如果此期磷素不足，下部叶片便开始出现暗绿色，此后从边缘开始出现紫红色；极端缺磷时，叶边缘从叶尖开始变成褐色，此后生长更加缓慢。第二个时期是开花期：玉米开花期植株内部的磷开始从叶片和茎内向籽粒中转移，如果此时缺磷，雌蕊花丝延迟抽出，植株受精不完全，往往就会生长出子实行列歪曲的畸形果穗。

在缺磷的土壤上增施磷肥能使植株发育正常，增产效果明显。

3. 缺钾　玉米幼苗期缺钾，植株生长缓慢，茎秆矮小，嫩叶呈黄色或黄褐色；严重缺钾时，叶缘或顶端呈火烧状。较老的植株缺钾时，叶脉变黄，节间缩短，根系生长发育弱，易倒伏，果穗顶部缺粒。籽粒小，产量低，壳厚淀粉少，品质差，籽粒成熟晚。

氮、磷、钾三要素对玉米生长发育的作用，既有各自独特的生理作用，又彼此相互制约，相辅相成。因此，在玉米生产上必须重视三要素的合理配合施用。

各种微量元素对玉米生长发育都是很重要的，又是互相不可代替的。例如，硼对吐丝受精有良好作用，缺硼生殖器官发育不良，造成空秆和部分小花败育。镁是叶绿素的组成材料，缺镁则影响叶绿素的形成，叶片呈现出黄绿色以至白色条纹。在石灰性土壤上和施磷过量时，施用少量的锌肥增产效果好。此外，对缺钼、铁、铜、锰、钴的地块，适时适量地施用，对玉米生理过程有刺激活性的作用，可以提高产量。

综上所述，在玉米所必需的营养元素中，不论是大量元素还是微量元素，在玉米生长发育中都是不可缺少的，都是同等重要的，而且是不可代替的。土壤中缺少某种元素时，其他养分虽多，玉米也不能很好地生长，而且产量在一定限度内随这种养分的增减而相对变化，这个元素就是增产的限制因子。

（二）玉米需肥特性

玉米植株高大，生物产量高，需肥量也相应增多，所以增施肥料是提高玉米产量的重要措施之一。肥料是作物的粮食，要想获得较高的产量，必须有充足的肥料保证。据实验分析表明，玉米每生产 100 千克的籽实，需要吸收氮素 2.1~2.8 千克、五氧化二磷 0.7~1.7 千克、氧化钾 1.5~3.0 千克。玉米吸收氮、磷、钾的数量和比例，还因玉米的栽培类型、品种特性、产量水平、土壤和气候条件的不同而异。在确定玉米施肥量时，需综合考虑。由此可见，玉米全生育期吸氮最多，钾次之，磷最少。因此，玉米施肥以氮为主，相应地配合磷肥和钾肥。

1. 玉米在不同的生长发育时期对养分的要求比例不同

（1）三叶期至拔节期　随着幼苗的生长发育，对养分的消耗量也不断增加，虽然这个时期对养分的需求量还较少，但是获得高产的基础，只有满足此期的养分需求，才能获得优质的壮苗。

（2）拔节期至抽穗期　此期是玉米果穗形成的重要时期，也是养分需求量最高的时期。这一时期吸收的氮占整个生育期的 1/3、磷占 1/2、钾占 2/3。此期如果营养供应充足，可使玉米植株高大、茎秆粗壮、穗大粒多。

（3）抽穗开花期　此期植株生长基本结束，此期氮的消耗量占整个生育期的氮 1/5、磷占 1/5、钾占 1/3。

（4）灌浆至成熟期　灌浆开始后，玉米的需肥量又迅速增加，以形成籽粒中的蛋白质、淀粉和脂肪，一直到成熟为止。这一时期吸收的氮占整个生育期的 1/2、磷占 1/3。

每个生长时期玉米需要养分数量比例也不同。玉米从出苗到拔节，吸收氮 2.5%、有效磷 1.12%、有效钾 3%；从拔节到开花，吸收氮 51.15%、有效磷 63.81%、有效钾 97%；从开花到成熟，吸收氮 46.35%、有效磷 35.07%、有效钾 0%。

2. 玉米在生长发育过程中有两个需肥的特殊时期

（1）玉米营养临界期　玉米磷素营养临界期在 3 叶期，一般是种子营养转向土壤营养时期；玉米氮素临界期则比磷素稍后，通常在营养生长转向生殖生长的时期。临界期对养分需求并不大，但养分要全面，比例要适宜。这个时期营养元素过多、过少或者不平衡，对玉米生长发育都将产生明显不良影响，而且以后无论怎样补充缺乏的营养元素都无济于事。

（2）玉米营养最大效率期　玉米最大效率期在大喇叭口期。这是玉米养分吸收最快最大的时期。这期间玉米需要养分的绝对数量和相对数量都最大。吸收速度也最快，肥料的作用最大。此时肥料施用量适宜，玉米增产效果最明显。

（三）玉米生长对土壤的要求

玉米对土壤的适应性较强，虽能在多种土壤上生长，但由于其根系强大，茎高叶茂，需肥水较多，最好栽培在熟土层厚、含有机质丰富、土质疏松的土壤上。

二、玉米施肥现状及存在的问题

（一）玉米施肥现状

1. 有机肥施用的情况　有机肥在吉林省应用是个薄弱环节，特别在玉米上应用更少。原因是：施有机肥劳动强度大，畜力减少，农业管理向"惰性"化发展也是有机肥减少的原因。

2. 化肥施用的现状　近年来由于玉米价格连年走高，农民为了追求玉米产量最大化，化肥的投入量也加大。据调查：某地化肥用量基本适量的占 57.67%，不足的占 9.82%，过量的占 32.51%（以不同施肥区目标产量推荐施肥量标准）；氮磷钾配比合理的农户占 38.4%，配比不合理的占 61.6%，在配比不合理的农户中氮素过量的农户占 27.4%，剩下的 72.6% 的农户磷钾过量；目前使用高含量（总养分大于等于 45%）三元复合肥或配方肥的农户多占 96.3%，3.7% 的农户选用二铵、尿素和钾肥作底肥；在采用底加追的农户中，有 84.33% 用尿素作追肥，有 15.67% 用高氮复合肥作追肥；施肥的方法上，一次施肥免追肥的农户占 32.6%，底加追或底口追结合的农户占 67.33%。

（二）玉米施肥存在的问题

1. 重视化肥、轻视有机肥　由于化肥对玉米产量的提高有不可估量的作用，所以农民对化肥的认识极高。他们非常重视化肥，以为只要多施化肥就可以提高玉米产量，却忽视了有机肥的作用。有机肥的有机质含量高，养分全，肥效长，能提高土壤肥力，是农业生产可持续发展的源泉。

2. 氮磷钾用量不均衡　使用一次性免追的农户，氮素投入量相对少，磷钾超量。有的农户氮肥超量，追肥尿素从 350 千克/公顷增到 450～500 千克/公顷。同时，不同的农户由于经济条件和技术素质不同，投肥量有很大的差异，经济条件好的农户，为了获得更高的产量，加大投肥量；而经济条件差的农户，施肥量又严重不足。

3. 施肥方法不尽科学　在玉米种植过程中，仍然存在施肥深度不够、种肥同床、隔离深度不够等问题，特别是使用一次性免追肥的，常因种肥隔离不好，出现烧种烧苗的现象。还有，就是重底肥，轻口肥。

4. 很多农户不能因土壤、因作物、因品种进行施肥　目前肥料市场品种多，由于一些农民自身素质差，对肥料认识不足，加之经销商的宣传，误导购肥农民，致使这些农民在化肥品种的选择上，不分玉米品种、不分土壤、科学性差，严重影响了玉米的产量和品质。有些农民本来是碱性土壤，却还选生理碱性肥料，使得土壤盐碱度增加了，因而影响玉米的生长发育，最终影响产量。还有的农民不分玉米品种，都同期追肥，早熟品种追的晚，晚熟品种追的早，供肥错过了需肥的高峰期。种植密度大的品种应加大肥量，结果却一视同仁，肥量不足影响产量。

三、玉米配方施肥技术

目前，"粪大水勤，不用问人"的传统施肥观念正在被缺什么补什么，按需施肥的科学施肥观念所取代。施肥能提高玉米产量和品质，有利于培肥地力。但如果施肥不合理，会造成很多负面影响，如经济效益降低，对土壤、对作物、对环境、对人类健康都会造成不良影响。因此，必须推广配方施肥技术，才能减少这些负面影响。

（一）玉米配方施肥基本原则

1. 坚持有机肥和无机肥相结合 有机肥含有机质多，养分全，肥效长，但肥效慢；无机肥养分单一，肥效短，但见效快。所以只有有机肥和无机肥相结合，才是最佳选择。另外，经常施用有机肥可以提高土壤肥力，改良土壤，增强植株抵御自然灾害的能力，也是玉米测土配方施肥的前提所在。

2. 坚持氮、磷、钾、微相配合 玉米生长发育所需的营养元素都是必需的，是相互不可代替的。所以，玉米生长发育所需的大量元素氮、磷、钾要按所需的量进行配比施用。由于近年来氮、磷、钾施入量的增加，一些中微量元素也表现出缺乏的现象，如硫、锌、硼等，中微量元素的缺乏也制约了玉米产量的提高。因此，要实现高产，就要坚持氮、磷、钾微相配合。

3. 坚持底、口、追相结合 根据玉米的需肥规律，要坚持底、口、追相结合才能更好地满足玉米生长发育的各个时期对营养元素的需求。口肥用来满足玉米的苗期生长；底肥用来满足玉米的前中期的生长发育；追肥是用来满足中后期玉米生长所需的营养的。只有坚持底、口、追这样的方式施肥，玉米才会有更高的产量。

4. 玉米的最佳施肥期和施肥方法也是配方施肥的一个组成部分 只有找到最佳施肥时期和最佳施肥方法，肥料的利用率才最大，配方施肥的效果才能最好。具体方法是：磷肥分层施，钾肥集中施，氮肥分期施，氮肥的 1/3 做底肥、2/3 做追肥。底肥和追肥都要深施。

5. 在不同的土壤上，施肥量不同 在不同的土壤上，各种养分含量不同，所以要分区确定各种肥料用量比例。

（二）玉米配方施肥的几种形式

玉米测土配方施肥技术不是以追求最高产量为目的，主要是以追求最高经济效益为目的。

1. 增施肥料来提高产量，从而增加效益 对那些施肥不足的地块增施肥料，产量就会明显提高，效益也会提高。

2. 减少肥料，增产或平产，从而增加效益　就是那些施肥过量的农户减少肥料用量，就减少成本，在不减产的情况下，就会增加效益。

3. 调整肥料的比例，也能促进增产，从而增加效益　对那些氮、磷、钾配比不合理的地块，调节各个肥料用量，也可以增产。例如，氮肥过量，就可以减少氮用量，增加磷钾肥的用量，就能使产量增加，也能增加效益。

（三）玉米的配方施肥技术

1. 如何确定玉米的最佳施肥量

（1）确定目标产量　目标产量就是当年种植玉米要定多少产量，它是由耕地的土壤肥力高低情况来确定的。另外，也可以根据地块前 3 年玉米的平均产量，再提高 10%～15% 作为玉米的目标产量。例如：某地块为较高肥力土壤，当年计划玉米产量达到 600 千克/667 米^2，玉米整个生育期所需要的氮、磷、钾养分量分别为 15 千克、7.2 千克和 12 千克。

（2）计算土壤养分供应量　测定土壤中含有多少速效养分，然后计算出 667 平方米地中含有多少养分。667 平方米地表土按 20 厘米算，共有 15 万千克土，如果土壤碱解氮的测定值为 120 毫克/千克，有效磷含量测定值为 40 毫克/千克，速效钾含量测定值为 90 毫克/千克，则 667 平方米地土壤有效碱解氮的总量为：15 万千克×120 毫克/千克×10^{-6}＝18 千克，有效磷总量为 6 千克，速效钾总量为 13.5 千克。由于土壤多种因素影响土壤养分的有效性，土壤中所有的有效养分并不能全部被玉米吸收利用，需要乘上一个土壤养分校正系数。吉林省配方施肥参数研究表明，碱解氮的校正系数为 0.3～0.7，有效磷校正系数为 0.4～0.5，速效钾的校正系数为 0.5～0.85。氮磷钾化肥利用率为：氮 30%～35%、磷 10%～20%、钾 40%～50%。

（3）确定玉米施肥量　有了玉米全生育期所需要的养分量和土

壤养分供应量及肥料利用率，就可以直接计算玉米的施肥量了。再把纯养分量转换成肥料的实物量，就可以用来指导施肥。根据(1)、(2)当中的数据，每 667 平方米产 600 千克玉米所需纯氮量为：$(15-18×0.6)÷0.3＝14$ 千克；磷肥用量为 $(7.2-6×0.5)÷0.2＝21$ 千克，考虑到磷肥后效明显，所以磷肥可以减半施用，即施约 10 千克；钾肥用量为 $(12-13.5×0.6)÷0.5＝7.8$ 千克。若施用磷酸二铵、尿素和氯化钾，则每 667 平方米应施磷酸二铵 20～22 千克、尿素 22～25 千克、氯化钾 14 千克。

（4）微肥的施用　玉米对锌非常敏感，如果土壤中有效锌少于 0.5～1 毫克/千克，就需要施用锌肥。土壤中锌的有效性在酸性条件下比碱性条件要高，所以现在碱性和石灰性土壤容易缺锌。长期施磷肥的地区，由于磷与锌的拮抗作用，易诱发缺锌，应给予补充。常用锌肥有硫酸锌和氯化锌，基施每 667 平方米用量为 0.5～2.5 千克，拌种用量为 4～5 克/千克，浸种浓度为 0.02％～0.05％。如果复混肥中含有一定量的锌，就不必单独施锌肥了。

（四）玉米的施肥方法

1. 底肥　将 10～15 米³/公顷有机肥，按计算好的全部磷肥（留出口肥）、1/3 氮肥、全部的钾肥做底肥，可结合犁地起垄（最好是三犁成垄）一次施入播种沟内，使肥料施到 10～15 厘米的耕层中。保证种肥隔离，以免烧种烧苗。

2. 口肥　口肥是最经济有效的施肥方法。每公顷用 50～100 千克二铵做口肥，随播种一起下地，口肥非常关键。使用一次性肥料的，口肥是必不可少的，口肥是保证玉米苗期正常生长发育所需的营养。

3. 追肥　把剩下 2/3 氮肥做追肥。在玉米大喇叭口期施用，要根据不同的品种，进行追肥，不论是早熟品种，还是晚熟品种，都在大喇叭口期追肥，早熟品种早些，晚熟品种晚些。不能同时追。玉米追肥，一定要垄沟深施肥，这样能提高肥料利用率。

4. 一次性施肥的方法　将整个生育期所需的氮、磷、钾肥在播种前整地时一次性施入播种沟内，然后起垄。一次性肥一定要深施，以免烧苗。用一次性施肥方法的地块，一定要配施口肥。

采用一次性施肥技术必须具备以下几个条件：土质肥沃，土壤耕层较深，能够做到深施肥的地块；肥料中氮、磷、钾比例要适宜，特别是氮的含量一定要在22%以上，并且必须缓慢释放；施肥深度要达到12~15厘米，防止烧种烧苗；保证口肥的施用，确保苗期养分需要。

第二节　水稻需肥特性与配方施肥技术

水稻是吉林省重要的粮食作物，稻谷产量占粮食总产量的43%左右。水稻测土配方施肥对提高产量、改善品质、降低环境污染有着十分重要的意义。由于稻田生态系统处于周期性干湿交替的环境，水稻生长期处于水淹条件下，生化反应以还原反应为主；休闲期处于干旱条件下，生化反应以氧化反应为主。这些特性对水稻的生长发育影响较大，从而决定了稻田测土配方施肥的特殊性。

目前水稻施肥上存在着3个突出问题：一是施肥过量，尤其氮肥过量，一般施氮量为200千克/公顷，高的达到230千克/公顷以上。二是养分比例失调，氮磷钾微配比不合理，普遍存在重施氮肥、少施磷钾肥、不施微肥的现象。三是施肥量前重后轻，一般只施底肥和分蘖肥，少施或不施穗肥和粒肥。由于上述3个原因，导致根层养分供应与水稻对养分的需求产生严重错位，降低了料肥的利用率，影响了产量的提高和品质的改善，加剧了环境污染的风险。

一、水稻的需肥规律

（一）水稻产量的形成

水稻产量由单位面积上的穗数、每穗结实粒数和千粒重3个基本因素所构成。这3个基本因素是在不同的生育时期形成的。

1. 穗数的形成 单位面积穗数是由基本株数、单株分蘖数、分蘖成穗率三者组成的。基本株数取决于插秧密度和移栽成活率，决定单位面积上穗数的关键是在分蘖期，单株分蘖数和分蘖成穗率是决定单位面积穗数多少的关键。一般早期分蘖出生越早，成穗的可能性越大；后期出生的分蘖不易成穗，即使成穗，穗也较小。所以分蘖期施肥的重点是促进分蘖早生快发。

2. 粒的形成 决定每穗粒数的关键是在长穗期。穗的大小、结实多少，主要取决幼穗分化过程中二次枝梗分化期和小花分化期。这个时期营养生长和生殖生长并进，养分供应不足会引起小花败育，降低结实率，造成穗小粒少。因此长穗期要围绕培育壮秆大穗进行合理施肥。

3. 粒重的形成 决定粒重的关键时期是结实期。粒重由籽粒大小和成熟度两者构成，籽粒大小是由本身的遗传特性决定的，成熟度则取决于结实期灌浆物质的供应情况。灌浆物质是光合作用的产物，养分的供应情况对光合作用影响较大。所以，结实期要视水稻的生长发育进行补肥，促进粒大饱满，防止空秕粒。

（二）水稻的吸肥规律

1. 水稻的需肥量 水稻一生需从土壤中吸取氮、磷、钾、钙、镁、硫、铁、锰、铜、锌、硼、钼、氯等多种营养元素。一般每生产 100 千克稻谷，需从土壤中吸收氮素 2.2～2.6 千克、磷 0.3～0.5 千克、钾 1.6～1.8 千克。

2. 水稻各生育期的吸肥规律 水稻在不同生育期，对氮磷钾的吸收量有很大的差异。从分蘖期到开花期是水稻吸收三要素最多的时期，对氮的吸收比较早，分蘖期吸收较多，到穗分化前已达到全量的 80%；对磷的吸收比较晚，中后期吸收较多，约占总量的 95%；对钾的吸收以穗分化到开花期为最多，约占全量的 60%，开花后即停止吸收。

水稻的这种吸肥规律式和它一生中的 3 个生长中心相适应的。分蘖期的生长中心是大量生根、长叶、分蘖，要求有较多的氮素来形成氮化物，以促进根系、叶片、分蘖的生长。这段时间的营养生理特点是，以氮代谢为主，碳水化合物积累少，因此，对氮的吸收大于对磷钾的吸收。从穗分化开始到抽穗期，以茎的伸长、穗的形成为生长发育中心，此阶段的营养特点是，前期碳、氮代谢都很旺盛，后期碳的代谢逐渐占优势；一方面要吸收较多的氮用于茎、叶的生长和幼穗分化，另一方面又要积累大量的碳水化合物，供出穗后向穗部转运，所以对氮、磷、钾的吸收都较多。出穗后，茎叶和根的生长基本停止，植株的生长中心转为谷粒的形成，其营养生理特点是以碳素代谢为主，制造积累大量的碳水化合物向谷粒中转运储藏，所以，对磷、钾的吸收较多。

二、水稻测土配方施肥技术

（一）确定氮、磷、钾的施肥量

由于稻田生态系统的特殊性，各种养分的存在形式和利用情况与旱田不同。氮素在整个生育期可以随水流动，稳定性较差，易随水流失，对环境造成危害；同时氮的来源多样，转化过程复杂，进一步加剧了氮素管理的难度。由于受到水淹、土壤取样、和有效氮测定方法的限制，在水稻某个生长时期很难通过氮素指标的测定来指导施肥。相比而言，磷肥、钾养分比较稳定，在土壤中不易损失且有长期的后效。因此，水稻测土配方施肥的原则是：氮肥采取总量控制和分期调控的方法，磷肥、钾肥采取长期恒量监控的方法，中微量元素肥料主要采用矫正施肥法。各种养分的施肥量主要通过以下几种方法确定：

1. 肥料效应函数法　就是通过肥料效应试验建立肥料—产量效应方程，再通过这个方程计算最高产量施肥量和经济最佳施肥量。以"3414"施肥试验为例（表 4-1），关键要确定好方案中 2 水平的施肥量，2 水平的施肥量为当地最佳施肥量的近似值。应根据当地多年的生产经验和肥料试验综合分析，确定 2 水平的施肥量。然后按照公式确定 1 水平和 3 水平的施肥量，即 1 水平＝2

水平×0.5，3 水平＝2 水平×1.5。以吉林省梨树县的稻田为例，2 水平的施肥量为 N－P_2O_5－K_2O＝160－60－90（千克/公顷）。

这样的肥料效应试验实施后，得到各个处理的产量。利用处理 2、处理 3、处理 6、处理 11 可得到在 P_2K_2 水平下氮的效应方程，利用处理 4、处理 5、处理 6、处理 7 可得到在 N_2K_2 水平下磷的效应方程，利用处理 6、处理 8、处理 9、处理 10 可得到在 N_2P_2 水平下钾的效应方程。也可用 14 个处理进行氮磷钾三元二次效应方程的拟和。通过这些方程，可以计算出最高产量的施肥量和经济最佳施肥量。

表 4-1　水稻肥料效应"3414"试验处理

试验编号	处理	N	P	K
1	$N_0P_0K_0$	0	0	0
2	$N_0P_2K_2$	0	2	2
3	$N_1P_2K_2$	1	2	2
4	$N_2P_0K_2$	2	0	2
5	$N_2P_1K_2$	2	1	2
6	$N_2P_2K_2$	2	2	2
7	$N_2P_3K_2$	2	3	2
8	$N_2P_2K_0$	2	2	0
9	$N_2P_2K_1$	2	2	1
10	$N_2P_2K_3$	2	2	3
11	$N_3P_2K_2$	3	2	2
12	$N_1P_1K_2$	1	1	2
13	$N_1P_2K_1$	1	2	1
14	$N_2P_1K_1$	2	1	1

2. 养分平衡法　就是根据目标产量需肥量和土壤环境供肥能力之差确定施肥量。

（1）根据目标产量确定养分吸收量　确定目标产量有两种方法：一种是根据产量潜力来确定。产量潜力是指在没有水分和养分而且在最佳管理条件下作物所能达到的最高产量，主要受气候条件和作物遗传特性的限制。目标产量通常用产量潜力的75%～

80%来计算。另一种是将当地最佳管理措施下获得的最高产量作为目标产量。

目标产量确定后,可根据目标产量和单位产量的养分吸收量计算出养分的吸收量。没有数据的地区,可以参考表4-2。

表4-2 吉林省水稻主产区目标产量以及氮磷钾的吸收量
(推荐指标,仅供参考)(单位:千克/公顷)

种植区域	目标产量	氮素需求量	磷素需求量	钾素需求量
吉林省	7500～9000	128～153	30～36	128～153

(2) 确定土壤和环境养分供应量 土壤和环境养分供应量可以通过试验来测定。一方面可以通过不施某一养分,而施用其他所有养分以保证其他因素不限制作物正常生长,用这种试验条件下作物对该养分的吸收量表示某一养分的土壤和环境的供应能力。另一方面可以根据不施肥小区的产量来计算土壤和环境的养分供应量。没有土壤和环境养分供应量数据的地方,可以参考表4-3。

表4-3 吉林省水稻产区不施肥小区产量以及估计土壤氮磷钾
供应量(推荐指标,仅供参考)(单位:千克/公顷)

不施肥小区产量	土壤氮素供应量	土壤磷素供应量	土壤钾素供应量
4000～5000	68～85	16～20	68～85

(3) 根据养分平衡的要求确定水稻施肥量 根据下列公式计算:

$$施肥量 = \frac{目标产量对应的}{养分需求量} - \frac{土壤环境}{供肥量} + 养分损失 + 土壤残留$$

如果没有养分损失和土壤残留的数据,一般按照当季氮肥损失与土壤残留按氮肥施用量的60%计算;磷肥当季的损失和土壤残留对当季施肥量的影响不大,在实际计算中可不考虑;当季钾肥的损失和土壤残留可以按照钾肥施用量的30%～40%计算。

3. 养分丰缺指标法 养分丰缺指标法常用于磷、钾的衡量控制。所谓衡量控制,就是通过肥料田间试验,找出能够将土壤某一养分含量持续控制在临界水平范围内的施肥量，以此作为一定时空范围内的施肥建议并保持相对稳定。临界水平指获得持续高产的最低土壤养分含量。

根据磷钾的养分资源特征和水稻对磷、钾的肥料效应，可每隔3～5年测试1次土壤有效磷、有效钾的含量，并根据田间实际情况对磷、钾的用量进行调整，将有效磷、有效钾的含量调控在作物高产需要的合理水平。

养分丰缺指标的建立，需要通过在某一生态区域内某一土壤类型上连续2～3年的多点田间试验、土壤测试、植株养分含量测定，对多年多点试验的相对产量或相对养分吸收量与土壤测试结果进行相关分析，绘出土壤有效磷、有效钾测定值与作物相对产量的散点图，获得相对产量于土壤养分测试值得数学关系趋势线；以相对产量的50％、75％和95％为标准，获得土壤养分丰缺指标。

在研究建立养分丰缺指标后，需要针对不同施肥水平确定推荐施肥量，一般步骤是：

（1）将每个试验的产量与施肥量进行回归分析，建立肥料效应函数。

（2）经过边际分析，计算每个点的最佳施肥量。

（3）将多年多点的结果按不同施肥水平汇总，计算不同施肥水平下的平均推荐施肥量、上限和下限。

（二）氮的分阶段施用与调控

根据水稻的生长发育规律和不同生长发育时期对氮肥的需求量（表4-4），直接确定氮肥的使用时期和施肥量。

表4-4 吉林省水稻主要生育时期氮肥的分配比例（推荐指标，仅供参考）

	基肥	追肥		
		分蘖期	幼穗分化期	抽穗期
主要施肥时期	移栽前	移栽后7～10天	移栽后5～6	移栽后8～9周
肥料分配比例（％）	30～40	20～25	25～30	0～10

我国水稻主产区氮肥一般分 3～4 次施用，施肥的关键时期分别在移栽前（基肥）、分蘖期（蘖肥）、幼穗分化期（穗肥）和抽穗期（穗肥）。高产水稻要重视粒肥的使用，以保证后期不脱肥。

（三）中微量元素的矫正施肥

水稻对中量元素钙、镁、硫及微量元素锌等反应较为敏感，稍有缺乏就会表现出明显的症状，对水稻的生长发育影响较大。中微量元素的养分管理主要采用"补缺"的方式，可以通过土壤测试和田间试验确定一定区域的土壤中微量元素缺乏程度，从而制订具体的施肥方案（表 4-5）。

表 4-5　水稻土中微量元素主要丰缺指标及诊断方法（仅供参考）

元素	元素丰缺临界值及对应诊断方法
锌	0.6 毫克/千克（1 摩尔/升乙酰胺，pH＝4.8）；1 毫克/千克（0.05 摩尔/升氯化氢）；2 毫克/千克（0.1 摩尔/升氯化氢）
硫	5 毫克/千克（0.05 摩尔/升氯化氢）；6 毫克/千克（0.25 摩尔/升氯化钾，40℃下加热 3 小时）；9 毫克/千克（0.01 摩尔/升磷酸钙）
硅	40 毫克/千克（1 摩尔/升乙酸钠作缓冲剂，pH＝4）
镁	＜1 毫克/千克，缺乏；＞3 毫克/千克，适量
钙	土壤交换性钙＜1 毫克/千克，缺乏
铁	＜2 毫克/千克（乙酰胺，pH＝4.8）；＜4～5 毫克/千克（DTPA—$CaCl_2$，pH＝7.3）
锰	1 毫克/千克（对苯二亚甲基酸＋$CaCl_2$，pH＝7.3）；12 毫克/千克（1 摩尔/升乙酸胺＋0.2% 对苯二酚，pH＝7）；20 毫克/千克（0.1 摩尔/升磷酸＋3 摩尔/升磷酸二氢铵）
铜	0.1 毫克/千克（0.05 摩尔/升氯化氢）；0.2～0.3 毫克/千克（DTPA＋$CaCl_2$，pH＝7.3）
硼	0.5 毫克/千克（热水浸提）

（Rice：Nutrient Disorders&Nutrient Management，Dobermann and Fairhurst，2000）

（四）水稻测土配方施肥方法

1. 土壤测试及施肥量计算

（1）采集土样 采集土样的时间在秋季或春季。方法是：按照蛇形取样法或对角线取样法，每块地选取 11 个点以上进行采土，每点采集 20 厘米耕层的土壤 0.5 千克左右，把各个点的土样进行充分混合，再用四分法反复取舍，留取 1 千克左右的土样进行化验。

（2）化验 把土样送到土壤测试部门进行化验，测出土壤中各种速效养分的含量。

（3）计算施肥量 根据土测值和目标产量，计算出水稻对营养元素的需要量，再折算出化肥的施用量。

2. 施肥方法 按照所确定的施肥量，对各种肥料进行合理搭配，根据适当底肥、追肥的比例进行施肥。

（1）基肥 在翻地前施用，每公顷施充分腐熟的农肥 30 立方米左右，氮肥总量的 30%，磷肥、钾肥以及锌肥的全部。

（2）返青肥 在移栽后 3 天内施用，最好用速效肥料硫酸铵、碳酸氢铵等，施肥量占氮肥总量的 10% 左右。秧苗素质好的可以不施。

（3）分蘖肥 在移栽后 5～7 天施用，以硫酸铵、尿素为主，施肥量占氮肥总量的 25%。

（4）补肥 在移栽后 20～25 天施用，施肥量占氮肥总量的 15%（未施分蘖肥的占 25%）。

（5）穗肥 在移栽后 50 天左右施用，施肥量占氮肥总量的 15%～20%，一般以速效肥料硫酸铵、碳酸氢铵为主。

（6）粒肥 在抽穗后 10 天施用，占氮肥总量的 0%～5%，以速效肥料为主。要看地块、看长势酌情施入，保水保肥、长势旺盛的地块可不施粒肥；漏水漏肥、缺肥的地块要施粒肥。

3. 超级稻的测土配方施肥方法 超级稻是指一系列高产优质水稻新品种，其产量结构是：每平方米 50～450 穗，每穗100～

180粒，千粒重 22～28 克，产量 9000～10 500 千克/公顷。超级稻在栽培上一般施肥量较大，每公顷施纯氮 150～200 千克，并相应施入磷肥、钾肥。因此，进行测土配方施肥更为重要。

由于超级稻的特点是高产优质，所以，在进行测土配方施肥时要注意以下几方面：一是在"3414"肥料试验中，2 水平的施肥量必须是优质前提下的最高产量施肥量或经济最佳施肥量；二是要重视氮肥、钾肥的分阶段施用与调控，使水稻在各个生长发育时期都能得到充足的养分，尤其要保证水稻生长发育后期的养分供应。

超级稻的施肥方法是：

（1）基肥　充分腐熟的优质农肥 30 立方米。

（2）底肥　氮肥总量的 55％，磷肥总量的 100％，钾肥总量的 50％，中微量元素肥料 100％。在插秧前施用。

（3）补肥　氮肥总量的 20％～25％，在每年 6 月 20 日左右施用。

（4）穗肥　氮肥总量的 15％～20％，钾肥总量的 50％，在每年 7 月 10 日至 15 日施用。

（5）粒肥　氮肥总量的 5％，在抽穗后 10 天施用。

此外，硅肥有壮秆的作用，可以提高水稻的抗倒伏能力，施用量为每公顷 500 千克，做底肥一次性施入。

第三节　大豆需肥特性与配方施肥技术

大豆是重要的油料作物，其种子中含有丰富的蛋白质和脂肪，还含有氨基酸、脂肪酸和维生素，这些物质具有很高的营养价值，并很容易为人体吸收利用。可以说，大豆是丰富人们物质生活，提高现代食品质量的重要物质。

大豆是需肥较多的作物之一，因为形成蛋白质和脂肪等营养物质需要大量的营养元素，尤其是氮、磷、钾。大豆所需的矿质营养数量多、种类全。一般情况下，每生产 100 千克大豆籽粒需吸收氮（N）7～9.5 千克，磷（P_2O_5）1.3～1.9 千克，钾（K_2O）2.5～3.7 千克。其中需氮最多，其次是钾，同时还需要钙、镁、硫、铜、铁、锌、硼、钼、氯等中微量元素，无论需要量多少，所有这些元素在大豆产量形成中都是不可缺少的。微量元素需要量少，土壤中基本可以满足，可是土壤中原有的氮、磷、钾元素往往不能满足大豆生长发育的需要，因此，合理增施农家肥料，配合施用适量的化肥，才能获得高品质、高产量的效果。

一、大豆的需肥特性

（一）大豆的主要矿质营养

1. 大豆的氮素营养　大豆富含蛋白质，氮素是蛋白质的主要组成元素，核酸、磷脂、叶绿素以及维生素 B_1、维生素 B_2、维生素 B_5 中等都含有氮，是构成生命的物质基础。大豆所需的氮量虽多，但其本身根瘤菌有固氮作用，大豆可从空气中获取氮 5～7.5 千克/667 米²，占大豆所需氮量的 40%～60%，大豆所需其余的氮来自土壤和肥料，所以氮肥是大豆高产不可缺少的条件。

大豆幼苗所需的氮素营养可以由子叶中所贮藏的蛋白质发生异化作用来供应，但大豆出苗后，蛋白质可能已耗尽，所以幼苗对土壤中氮的吸收开始相当早，幼苗出土后，即迅速从土壤中吸收速效性氮化物。一般在大豆幼苗出现第一片复叶以前，根瘤菌已形成，但其固氮能力尚未充分成熟，此时期大豆需氮量虽然不多，大约占全生育期的 4%，但如土壤中的氮供应不足，会出现大豆幼苗的"氮素饥饿现象"，致使缺氮症状明显，而影响正常生长。大豆开花结荚期间是需氮量最多的时期，此时根瘤菌固氮能力虽然很强，但有时也满足不了大豆对氮素的需求。所以，在这个阶段必须以土壤中的氮素来补充其需要。而且这个时期氮素供应的多少与干物质积累密切相关，植株获得氮素多则干物质积累也多。

合理的氮素供应，对促进大豆植株生长，提高大豆蛋白质含量及产量具有重要作用。由于大豆具有根瘤固氮作用，对氮肥需要量较少，为促进根系及根瘤生长，可在幼苗期施入少量氮肥。氮肥用量切不可过多，否则会抑制根瘤菌生长，并引起倒伏，造成植株徒长贪青晚熟。

2. 大豆的磷素营养　磷素在大豆植株的分生组织中最多，被用来形成蛋白质和其他磷化合物。磷参加重要的代谢过程，如糖、脂肪、蛋白质等的转化，在能量传递和利用过程中也有磷酸的参加。在细胞分裂及遗传信息的传递中有着重要功能。磷在碳水化合物代谢中有重要作用，磷对大豆生长发育比氮素还明显。它既有利于营养生长，又能促进生殖生长。

大豆的整个生育期内都要求较高的磷营养水平。从出苗到盛花期对磷的吸收最为迫切，特别是在苗期，大豆需磷量少，但对磷素比较敏感，应给予一定量的速效磷供应，因为此时期缺磷会使大豆营养器官生长受到抑制。大豆吸收磷高峰出现在开花结荚期，约占 1/3。磷在大豆植株内是能够移动和再利用的，所以大豆植株如在前 8 周获得足够的磷素，以后即使缺磷亦不致显著减产。因为豆荚的磷，可依靠营养器官中磷的输入来满足。

磷素充足，可促进根系发育及根瘤菌的形成，增加花芽分化数量，加速养分向花荚器官的运转，减少花荚脱落，促进蛋白质和脂肪的合成及早熟，蛋白质、油分含量高。缺磷时，大豆代谢过程受抑制，植株瘦小，茎叶由暗绿色渐转为带紫红色，分枝或分蘖少，较直立，延迟成熟，果实、种子少且不饱满。磷缺乏时，症状常从下部较老叶片开始，逐渐向幼叶扩展。缺磷，根瘤菌减少，因而又间接影响固氮能力。

3. 大豆的钾素营养　钾在幼嫩和正常活跃生长的芽、幼叶、根尖中较多。钾不是细胞的组成成分，主要是以离子态存在于细胞内，它是很多酶的活化剂。

在大豆幼苗期，钾有加速营养生长的作用。在生长旺盛时期，钾和磷配合可加速物质的转化，而在鼓粒成熟期，又促使糖、蛋白质、脂肪的合成并成为贮藏形态。钾的另一作用是促进机械组织的发育，使茎坚韧，提高抗病、抗倒伏能力。

大豆对钾的吸收，从幼苗至开花结荚期吸收量占90%，鼓粒期钾从基叶向荚中转移，促进种子中蛋白质的合成。

钾在大豆体内流动性很强，能从成熟的叶和茎中流向细嫩组织进行再分配，大豆缺钾症状先从老叶开始，再逐渐向新叶扩展。一般早期不易观察到缺钾症状，在中、后期大豆下部老叶上出现失绿并逐渐坏死，叶脉间先失绿，沿叶缘开始出现黄化或有褐色斑点或条纹，并逐渐向叶脉间蔓延，最后发展为坏死组织。

（二）大豆的吸肥规律

大豆生长发育分为苗期、分枝期、开花期、结荚期、鼓粒期和成熟期。全生育期90～130天。每生产相同数量大豆籽粒，吸收养分量与大豆品种特性、土壤肥力的高低及栽培措施有密切关系。大豆籽粒及茎秆所含氮、磷、钾的百分数远大于各种粮食作物。籽粒、茎秆含氮（N）分别为5.3%、1.3%；含磷（P_2O_5）分别为1%、0.3%；含钾（K_2O）分别为1.3%、0.5%。大豆的需肥规律是从出苗到开花需要的养分占全生育期的20.45%，开花到鼓粒期占全生育期的54.6%，鼓粒到成熟占全生育期的25%。其吸肥规律为：

1. 吸氮率　出苗和分枝期占全生育期吸氮总量的15%，分枝至盛花期占16.4%，盛花至结荚期占28.3%，鼓粒期占24%。开花至鼓粒期是大豆吸氮的高峰期。大豆整个生育期对氮肥的吸收规律为"少、多、少"。

2. 吸磷率　苗期至初花期占17%，初花至鼓粒期占70%，鼓粒至成熟期占13%。大豆生长中期对磷的需要最多，大豆整个生育期对磷的吸收规律为"多、少、多"。

3. 吸钾率　开花前累计吸钾量占43%，开花至鼓粒期占

39.5%，鼓粒至成熟期仍需吸收 17.2% 的钾。由此可见，开花至鼓粒期既是大豆干物质累积的高峰期，又是吸收氮磷钾养分的高峰期。

二、大豆施肥技术

大豆的施肥体系一般由基肥、种肥和追肥组成。施肥的原则是："基肥为主，种肥、追肥为辅；有机肥为主，化肥为辅；氮、磷、钾、微相配合。"既要保证大豆有足够的营养，又要发挥根瘤菌的固氮作用。因此无论是在生长前期或后期，施氮都不应该过量，以免影响根瘤菌生长或引起倒伏。但另一方面，也必须纠正那种"大豆有根瘤菌就不需要氮肥"的错误概念。施肥要做到氮、磷、钾大量元素和硼、钼等微量元素合理搭配，迟效肥和速效肥并用，有机肥和无机肥相配合。

（一）基肥

施基肥是保证大豆高产、稳产的重要条件。基肥应包括全部有机肥、磷肥，以及大部分氮肥、钾肥。

1. 多施有机肥　基肥应以有机肥为主，有机肥属完全肥料，矿物质养分含量全，还含有较多的有机质，性质缓和，肥效长，对培养地力非常有益。有机肥腐熟后产生有机酸，能把土壤中各种不可给态养分溶解为可给态，及时供给大豆吸收利用。同时，有机肥还能改善土壤的物理性质，增加土壤疏松程度，使土壤蓄水、蓄肥，保温能力增强，形成大豆生长的良好环境。

在有机肥中，以猪粪对大豆增产效果最好，其次是含有机质较多的牛粪、马粪和堆肥，土杂肥的效果较差。有机肥的施用量因粪肥质量、土壤肥力、前茬作物种类和施肥多少等具体情况而定。一般，粪肥质量好的每 667 平方米施 1000～1500 千克，质量差的每 667 平方米施 2000～3000 千克。

农家肥最好在翻地前施入，做到把粪肥施到深层，使粪、土融合。垄作的，要将底肥深施并条施垄沟，使肥力集中。深施农家肥，对保证大豆生育后期，特别是结荚期的养分供应将起很大作用。

2. **巧施氮肥** 大豆需氮素虽多，但由于其自身具有固氮能力，因此需要施用的氮肥并不太多，关键是要突出一个"巧"字。合理的氮肥投入量应以施用后能保证大豆优质稳产、获得比较高的经济效益，大豆收获后土壤基本无残留为原则。中等以下肥力的田块，适时适量施用氮肥有较好的增产效果；肥力较高的田块则不明显，施用过多不仅浪费，而且还会造成减产及环境污染。一般地块每667平方米可施尿素5千克或碳酸氢铵15千克作底肥，高肥田可少施或不施氮肥，薄地可适量多施。氮肥应深施，因为深施可以防止氮素挥发，使肥料分布在根系集中区域，增强养分的吸收利用。但深施也不是越深越好，根系主要分布在表层20厘米以内，所以氮肥施用深度应在12～18厘米处。另外，施用氮肥时应配合施用有机肥料、磷肥、钾肥，以做到养分平衡，提高肥料的利用率。

3. **增施磷肥** 大豆需磷较多，应增施磷肥。磷肥在土壤中的移动性差，而且大豆苗期对磷敏感，所以磷肥宜早施。一般每667平方米可施过磷酸钙15～20千克或磷酸二铵8～10千克。为提高磷肥的利用率，大豆磷肥要集中施用并且与有机肥、氮肥、钾肥配合施用。

4. **重施钾肥** 大豆为喜钾作物，对钾最敏感，施钾肥增产显著。钾肥在土壤中的移动性小，钾肥如施于土壤表层，则因土壤干湿交替而发生钾的固定作用。所以钾肥一般做基肥，集中条施或穴施于根系密集的湿润土层中。硫能增强大豆和固氮作用，大豆一般施用硫酸钾，每667平方米用量一般为10千克。

（二）种肥

种肥能够促进苗期植株的生长发育，是大豆生育前期营养生长的物质基础，应满足大豆开花前期对营养物质的需求，以实现早出苗、出壮苗。种肥一般以化肥为主，化肥以磷肥为主，配合少量微肥和氮肥。一般每667平方米施磷酸二铵4.5～8千克，硫酸钾3～

5 千克，或生物钾肥 0.5 千克（拌种或混入化肥中施用）。土壤肥力差的薄地，种肥中常需增加少量氮肥，一般每 667 平方米增施硝酸铵 3～5 千克。

施肥方法既可在顶浆打垄时施于垄底，也可在播种时施于播种沟底或种子一侧。化肥与种子必须隔离，应相距 3 厘米以上。

（三）追肥

追肥有两种：一种是根际追肥，在吉林省大豆生产上很少应用；另一种是叶面追肥，在吉林省大豆生产上普遍应用。在生育后期，如发现脱肥现象，每 667 平方米用尿素 1 千克加磷酸二氢钾 0.1 千克对水 20～30 千克叶面喷洒，以保证籽粒饱满。壮秧促熟：进入 7 月中旬，如发现植株有徒长倒伏趋势，每 667 平方米用 3～5 克 2，3，5—三碘苯甲酸，用乙醇充分溶解后，对水 35～48 千克叶面喷洒，以壮秆矮化植株，防止倒伏；在结荚初期，采用增产促熟作用效果显著的植物生长调节剂叶面喷洒，增进大豆干物质的积累，提高其产量。

（四）施用钼肥

豆科植物体内含钼量比非豆科植物多 10 倍，钼多集中于根瘤内，其次是种子中。钼在土壤中含量较高而植物对它需要量又少，所以一般土壤上植物不感缺乏。但有些如酸性土壤上，容易发生缺钼现象。

施钼的大豆、开花、结荚和成熟提前，株高、节数、每荚粒数、粒重增加，产量和品质提高。大豆施钼肥是一项经济有效的增产措施。大豆需钼量极少，施用量不可太多。否则，钼在土壤中积累过多，会造成大豆植株钼中毒。钼肥一般采用拌种的方法施入土壤中。

拌种：用钼酸铵 30～50 克，先加少量温水，使之溶解后，再加水 1.5 千克，制成 1%～2% 的溶液，用喷雾器喷在 100 千克种子上，边喷边搅拌，待搅拌均匀、溶液全被种子吸收、阴干后播种。

（五）根瘤菌拌种

在新开垦或多年未种过大豆的地块，有必要进行根瘤菌接种。方法是：用 2000 克菌粉加 2.5 千克水，然后拌 50 千克大豆种子，拌后放在阴凉的地方，防止太阳直射杀伤根瘤菌。接种后，待种子阴干可播种。应用与大豆新品种配套构成优良组合的高效共生根瘤菌，增产效果更为明显。但是，要特别注意，如果大豆播种必须用药剂拌种，尤其是酸性农药拌种，一般不宜接种根瘤菌。

第四节 马铃薯需肥特性与配方施肥技术

马铃薯是以富含碳水化合物的地下块茎为产品的蔬菜，喜冷凉温和气候，能耐轻霜。因此，在东三省栽培范围很广，具有菜粮兼用和生产淀粉、乙醇等多种用途。马铃薯块茎一般含淀粉 12%～15%，糖类 1%～1.5%，蛋白质 2% 左右，矿质盐类 1.1% 左右，特别是维生素 B、维生素 C 的含量显著高于所有的禾谷类作物。马铃薯在生长中形成大量的茎叶和块茎，产量较高，需肥量较大。

一、马铃薯需肥特性

（一）马铃薯的需肥特性

1. 马铃薯的初生根和匍匐根能够吸收各种营养物质　马铃薯吸收养分的特点是：以钾吸收量最大，氮次之，磷最少，氮、磷、钾的比例为 2:1:4，是一种喜钾的蔬菜。随着马铃薯生育期的延长，养分吸收率也随之加大。一般幼苗期吸收养分较少，不足全生育期吸收总量的 10%；发棵期氮、磷、钾三要素吸收较多，吸收率分别占 30% 左右；尤其是钾高达 70% 左右，氮、磷各达 50% 以上；一半以上的养分是在结薯期吸收的。因此，在幼苗期和发棵期供给充足的氮素，对保证前期根茎叶的健壮生长有重要作用。而充足的钾能促进淀粉合成，对块茎膨大有明显的效果。

2. 马铃薯在整个生育期，因生育阶段不同，其所需营养物质的种类和数量也不同 在幼苗期以氮、钾吸收较多，分别达到总吸收量的20%以上，磷较少，约占吸收量的15%；现蕾、开花期间，吸钾最多，高达70%左右，氮、磷各达50%以上；生育后期，则以氮、磷吸收较多，分别约为30%和20%，钾较少，占5%左右。马铃薯吸肥的总趋势是：以前期和中期较多，占总吸收量的70%以上。

3. 马铃薯幼苗期吸肥较少，发棵期吸肥量迅速增加，到结薯期吸肥量达到高峰 马铃薯在整个生育期吸收氮（N）、磷（P_2O_5）、钾（K_2O），三要素比例详见表4-6。

表4-6　马铃薯生育期吸收氮、磷、钾比例

营养元素	幼苗期	发棵期	结薯期
氮（N）	6%	38%	56%
磷（P_2O_5）	8%	34%	58%
钾（K_2O）	9%	36%	55%

三要素中马铃薯对钾的吸收量最多，其次是氮、磷。据试验：每生产1000千克块茎，需吸收氮5~6千克、五氧化二磷1~3千克、氧化钾12~13千克。

4. 氮、磷、钾以适当比例配施可以提高马铃薯产量 马铃薯对钾肥的需求大于氮、磷肥的需求。在磷、钾适量施用的情况下，氮肥过量相对氮肥不足对产量影响更大。在氮、磷水平适宜的条件下，钾肥不足显著地影响马铃薯产量的形成。在马铃薯的施肥过程中，除了必须保持施肥比例钾大于氮大于磷以外，还必须注重对氮肥的控施、少施，对钾肥的重施、多施。这样才能达到高产优质的目标。

（二）营养元素在马铃薯生长中的作用

1. 氮 作物产量来源于光合作用，施氮素能促进植株生长，

增大叶面积，提高叶绿素含量，增强光合作用强度，提高马铃薯产量。若氮肥过多，特别是在生产后期过多，则促使植株徒长，组织柔嫩，推迟块茎成熟，产量降低。

2. 磷　磷可加强茎中干物质和淀粉积累，提高块茎中淀粉含量。增施磷肥，可增强氮的增产效应，促进根系生长，提高马铃薯抗寒抗旱能力。若磷不足则植株和叶片矮小，则光合作用减弱，产量降低，薯块易发生空心、锈斑、硬化，不易煮烂，影响食用品质。

3. 钾　钾可加强植株体内代谢过程，增强光合作用强度，延缓叶片衰老。施钾肥，可促进植株体内蛋白质、淀粉、纤维素及糖类的合成，可使茎秆增粗、抗倒，并能增强植株抗寒性。若钾不足，则生长受抑制，地上部分矮化，节间变短，株丛密集，叶小呈暗绿色渐淡转变为古铜色，叶缘变褐枯死，薯块多呈长形或纺锤形，食用部分呈灰黑色。

4. 硼　硼有利于薯块肥大，也能防止龟裂，对提高植株净光合生产率有特殊作用。

5. 铜　铜能提高蛋白质含量，对增加植株呼吸作用，增加叶绿素含量，延缓叶片衰老和增强抗旱能力都有良好作用，同时也有提高植株净光合生产率的作用。

（三）环境条件对马铃薯生长的影响

马铃薯发芽期适温为 12℃～18℃，茎叶生长要求较高温度，以 20℃左右最适宜。块茎膨大要求较低温度，最适土温为16℃～18℃。马铃薯是喜光作物，生长期要求有充足阳光。在长日照条件下，茎、叶、花、果及匍匐茎生长很快，而短日照有利于块茎形成和膨大。马铃薯是用种薯播种的，从播种到出苗，主要靠种薯中贮存的水分，有一定的抗旱能力。发棵期土壤湿度应维持在土壤最大持水量的 70%～80%，以促进茎叶旺盛生长。发棵期后期要适当控制供水，以利适时转入结薯，土壤湿度应由80%降到60%。结薯期土壤湿度应提高到80%～85%，以利块茎迅速膨大。马铃薯的块茎是在土壤中形成的，因此，应选择土层深厚、质地疏松、排水通气良好、富含有机质的轻沙壤土或壤土种植马铃薯。土壤酸碱度以 pH 值 5～6.5 较适宜。

二、马铃薯配方施肥技术

我国幅员辽阔，地貌地形及农业气候复杂，各地在马铃薯的栽培制度、品种类型亦有不同，现就吉林省栽培马铃薯施肥技术简介如下：

（一）目前马铃薯施肥存在的问题

1. 大量施用三个 15（氮 15、磷 15、钾 15）的复合肥　根据吉林省土壤的现状，不需要施用太多的磷肥，就可以满足马铃薯的正常生长对磷的需求。施用三个 15 的复合肥，不仅会增加农户在肥料上的不必要投入，而且对马铃薯的品质也会产生不利的影响。因为磷素主要功能是增强作物的呼吸作用，呼吸作用太旺盛，物质积累相应减少，马铃薯的产量和品质也就会随之降低。

2. 中微量元素施用量不足　有些地方往往只注重氮、磷、钾元素，忽视了作物生长所必需的钙、镁、硼等中微量元素的作用，导致缺素症的发生。有的还把缺素症误当作病害防治，不仅增加生产成本，而且会降低马铃薯的产量和品质。

3. 用未经处理的畜禽粪便做基肥　一些农户在为马铃薯施肥时，用未经处理的畜禽粪便做基肥。其实这些未经处理的畜禽粪便对马铃薯的生长是极为不利的。一是这些畜禽粪便施入土壤后，发酵所产生的高温容易引起烧根烧芽；二是容易滋生蛆类等地下害虫；三是畜禽粪便内含有大量有害病菌，长期施用会导致病菌在土壤中大量积累，一旦条件成熟就会引起病害大暴发。

（二）马铃薯配方施肥技术

按照土壤肥力和计划产量指标，确定施肥的数量和配方。为此，必须首先测定土壤肥力，然后再根据产量要求指标，计算出需要从土壤中吸收氮、磷、钾的需肥水平进行施肥。施肥的原则是以农家肥为主、化肥为辅，这样既可满足马铃薯整个生育期需肥要求，又可达到培肥地力的目的，实现用养结合，持续增产。

马铃薯吸取养分有80％靠底肥供应。底肥以有机肥为主，搭配适量的化学肥料，每公顷施腐熟的有机肥22 500～37 500千克、磷肥225～375千克、草木灰1500～2250千克。如改用钾肥代替草木灰，可用150千克硫酸钾，不能用氯化钾。底肥采用沟施，施于10厘米以下土层内。播种时，每公顷用氮素化肥75～112千克做种肥，可使出苗迅速、整齐、健壮。有机肥含有多种养分元素及刺激植株生长有益物质，可于每年的4月中下旬前结合打垄施入地里，以达到肥土混合。有机肥要充分腐熟，杀死各种病菌和虫卵，充分腐熟的有机肥可防止腐熟时产生的热量烧根烧芽。

三、新型米薯套种技术

为了提高土地利用率，增加单位面积的经济效益，技术人员经过几年的努力，终于探索出了新型米薯套种模式。该项技术抗风险能力强、土地利用率高、技术简单、经济效益好，实现了一亩顶两亩，一年顶两年的目标。具体技术介绍如下：

（一）新型米薯套种技术理论基础

主要依据是根据玉米和马铃薯的生育期、播种期、出苗期不同，在一起生长的时间比较短，采用高秆作物和矮秆作物套种的模式。合理利用土地资源，提高土地利用率，达到高产增效的目的。

（二）新型米薯套种技术种植模式

此项技术是采用玉米和马铃薯2：2种植方式。与传统套种的区别是，传统的套种每种作物都种植在垄台上，没有增加土地面积；而新型米薯套种技术采用的方法是，马铃薯采用传统的种植方式，种植在垄台上，玉米采用穴种多株的方式种植在垄沟内，产量以玉米为主，马铃薯为辅。在同一块地上，在保证了玉米产量的同时，增加了马铃薯的产量。

（三）新型米薯套种技术种植方法

1.品种选择　马铃薯要选择早熟品种。玉米要选择中早熟耐密品种。

2. 施肥技术　打垄时注意深趟，保证深度在18～20厘米以上，利于提高马铃薯产量。在打垄时施入底化肥和有机肥，一般每公顷施有机肥30吨、尿素750千克、二铵150千克、硫酸钾150千克。切忌使用含氯元素的化肥，因为马铃薯是忌氯作物。在种植玉米的垄沟内用追肥犁施入底肥，每公顷施入化肥500千克，然后用锄头把垄沟内的化肥覆盖一次，一是防止化肥流失，二是利于种植玉米。

3. 适时播种　马铃薯按照传统的方法栽植，气温稳定在5℃～7℃以上、10厘米地温达到7℃～8℃时进行播种，在吉林省适宜时期一般是4月中下旬。玉米采用多株穴种方法，在5月1日至10日播种，种植在垄沟内。采用人工点播或用手工播种器播种，穴距50厘米，每穴播种4～6粒种子，穴保苗3～4株，播种后用锄头在垄沟内覆土，用脚轻踩一下。玉米播种时要注意：种子尽量挨在一起，能够提高产量，提高玉米的抗性。

4. 除草　由于是玉米和大豆套作，分属于单子叶和双子叶植物，不能够使用化学除草剂。前期人工除草，后期玉米和马铃薯植株茂盛，抑制了杂草的生长。

5. 适时浇水　采用新型米薯套种的地块必须有水浇条件。马铃薯是需水较多的农作物，茎叶含水量约占90%，块茎中含水量也达80%左右。特别是采用米薯套种，由于密度加大，则需要更多的水分。水能把土壤中的无机盐营养溶解，供给马铃薯吸收利用。水也是马铃薯进行光合作用、制造有机营养的主要原料之一，而且制造成的有机营养，也必须依靠水做载体才能输送到块茎中进行贮藏。据测定，每生产1千克鲜马铃薯块茎，需要从土壤里吸收140升水。所以，在马铃薯的生长过程中，必须有足够的水分才能获得较高的产量。

要满足马铃薯对水的要求，就必须依据当地常年降水的多少和降雨的季节等情况，采取一些有效的措施。一般在幼苗期、块茎形成期、块茎膨大期需水较多。块茎膨大期是马铃薯的需水敏感期，即从开始开花到落花后 1 周是马铃薯需水最敏感的时期，也是需水数量最多的时期。如果这个时期降雨不足，则需要及时浇水。

6. 适时追肥　玉米需要追肥两次：第一次在玉米大喇叭口期，和传统追肥时期相同；第二次在玉米灌浆期。追肥的方法是公顷追施尿素 350 千克，追施 2 次，在种植玉米的垄沟内撒施尿素，后面用铁锹或锄头覆土。还有一种方法，玉米出苗后，把两垄玉米中间的垄台蹚开，采取深蹚浅上土，追肥时在两垄玉米中间的垄沟内追肥。

第五节　花生需肥特性与配方施肥技术

花生是我国主要的油料作物之一，含有丰富的脂肪、蛋白质和多种维生素，其脂肪含量高达 48%～58%，蛋白质含量为 24%～36%，被誉为"植物肉""素中之荤"。花生的营养可与鸡蛋、牛奶、肉类等一些动物性食物媲美。花生在全国各地均有栽培，其中山东面积最大，达 92 万公顷。花生在吉林省栽培也比较普遍。由于其在栽培上有抗旱、抗灾、稳产、市场好等优势，并且市场稳定，效益好，呈现良好的发展前景，所以，栽培面积在不断扩大。掌握花生的需肥特点和配方施肥技术，是提高花生产量和效益的重要环节。

一、花生的需肥特性

花生在生长发育过程中，所需的营养元素主要有氮、磷、钾，中量元素主要是钙，同时也需要微量元素，对锌、镁、硫、钼、硼等中微量元素十分敏感。这些元素同等重要而且不可互相取代。

（一）营养元素的作用

1. 氮素营养　氮素主要参与复杂的蛋白质、叶绿素、磷脂等含氮物质的合成，促进枝多叶茂、多开花、多结果以及荚果饱满。若氮素缺乏，则花生叶色淡黄或白色，茎色发红，根瘤减少，植株生长瘦小，分枝少，产量降低。但氮素过多，又会出现徒长倒伏现象，会降低花生的产量及其品质。

2. **磷素营养** 磷素是磷脂、核蛋白等有机物质的成分，磷能促进侧枝发育、花芽分化和根系发育，促进根瘤的形成，同时能增强花生的幼苗耐低温和抗旱能力，以及促进开花受精和荚果的饱满。缺磷会造成氮素代谢失调，植株生长缓慢，根系、根瘤发育不良，叶片呈红褐色，晚熟且不饱满，出米率低。

3. **钾素营养** 钾素参与花生体内各种生理代谢活动和光合产物运转，提高光合作用强度，并能抑制茎叶的徒长，延长叶片寿命，增强植株的抗病、耐旱能力，同时也能促进花生与根瘤的共生关系。缺钾会使花生体内代谢功能失调，呈暗绿色，边缘干枯，妨碍光合作用的进行，影响有机物的积累和运转。

4. **钙素营养** 花生是喜钙作物，钙素在花生体内含量很少，但能加速氮素代谢，促进根系和根瘤的发育，促进荚果的形成和饱满，减少空壳，提高饱果率。同时钙素能调节土壤酸度，改善花生的营养环境，促进土壤微生物的活动。缺钙使花生幼嫩茎叶发黄，根系细弱，植株生长缓慢，空壳率高，产量低。

5. **微量元素** 锌肥有促进生长的作用，缺锌表现为茎枝节间缩短，叶片小而簇生，叶色黄白，出现黄白小叶症；缺镁则叶绿素不能正常形成，严重的叶片白化，叶脉失绿；缺硼，主茎和侧枝短促，株矮，呈丛生状，严重时生长点枯死；钼有利于蛋白质的合成，并在根瘤菌固氮过程中起催化作用，是根瘤菌发育不可缺少的元素，缺钼则根瘤菌失去固氮能力；铁能参与作物体内的氧化还原反应，并参与叶绿体蛋白质的合成，缺铁则叶绿素不能形成，新生叶片呈白色，茎叶生长都受到抑制；锰对氧化作用有影响，能促进茎叶健壮，增加植株的抗寒力；硫也是参与蛋白质合成的元素之一，缺硫则叶片色泽暗淡，甚至变白，影响蛋白质的合成。

（二）花生对养分的吸收

据研究，花生对氮肥、磷肥、钾肥所需的比例为 1：0.18：0.48。每生产 100 千克荚果需纯氮 5 千克、纯磷 1 千克、纯钾 2.5

千克。依据花生根瘤菌固氮和对磷肥、钾肥的吸收特点确定花生施肥量，即生产 100 千克荚果氮应减半施 2.5 千克，磷应加倍施 2 千克，钾应全量施 2.5 千克。

花生不同时期对养分的需求量是不同的。

幼苗期，花生生长缓慢，植株矮小，需要养分较少，对氮、磷、钾三要素的吸收量均占全生育期吸收总量的 5%左右。

开花下针期，植株生长较快，株丛增大，并大量开花下针，需要养分急剧增加，对氮的吸收量占全生育期吸收的 23%左右，对磷、钾的吸收量各占总量的 22%左右。

结荚期是营养生长和生殖生长最旺盛的时期，茎叶生长加快，并有大批果针下扎，荚果开始膨大，需要养分最多，对氮、磷、钾的吸收量分别占全生育期吸收总量的 42%、50%和 66%左右。

饱果成熟期，植株生长逐渐减慢，下部叶片脱落，根系吸收能力下降，需要养分显著减少，对氮、磷、钾的吸收量分别占全生育期吸收总量的 28%、22%和 7%；

花生对钙的吸收量，苗期较少，花针期逐渐增多，至结荚期达到高峰，约占全生育期吸收总量的 90%以上。

二、花生总的施肥原则

花生根系的吸收力强，既能吸收其他作物不能吸收利用的养分，又有根瘤菌共生固氮，所以在不施肥的情况下，自身的生产能力也很强。花生所需的主要营养元素是氮、磷、钾、钙，尤其是对磷、钾的需要量比其他作物更高，不同的生长时期对养分的需求不同。所以，必须根据其需肥特点合理进行配比，科学施用。

花生总的施肥原则应以有机肥为主、化肥为辅，并因地制宜，实现配方施肥。在增施有机肥的基础上，适当补施氮肥，增施磷肥、钾肥和钙肥，中后期要叶面喷施微肥和植物生长调节剂。

三、花生施肥存在的问题

从生产上看，花生施肥存在几个普遍性的问题：首先，投肥量够，但比例不合理。表现为使用专用肥和复混肥的较多，用纯量肥配比施用的较少。由于花生专用肥的品种较多、含量也不同，其他复混肥的含量也不尽合理，所以即使量够，从花生的生长需要上及对于不同的土壤来说，影响肥料的利用率。其次，重视化肥，轻视农肥。农肥不仅养分全面，而且能改善土壤结构，培肥地力，还能提高花生的品质。特别是建设绿色花生生产基地，离不开农家肥，所以应当引起重视。三是不重视追肥。在生产中，农户很少追肥，这是一种不合理的现象。根据花生的需肥特性，在其生长阶段对氮、磷、钾的需求量较大，除种子发芽出苗期需要的养分是由种子供应外，其他各时期所需的养分大部分是从土壤中吸收的。所以，后期的追肥是必要的。四是生长调节剂的使用较少，有的不及时。花生对叶面肥比较敏感，有的发现有缺素症才进行喷施叶面肥，这样会造成一定的减产，如果在全生育期不间断地进行喷施植物生长调节剂，不但会预防植株出现各种病害，还会起到明显的增产效果。

四、花生的配方施肥技术

（一）选地

花生是地上开花，地下结果的作物，要求选择活土层深厚，耕作层疏松的土壤。一般选择质地疏松、通气性好、地温高的沙质土壤，通气条件好的黑土地也可种植花生，但过黏、积水地不能种植花生。同时花生要避免重茬和迎茬，也要避免与其他油料作物重茬。花生耐盐碱能力差，所以，不宜在盐碱含量高的地块种植，以免影响发芽出苗。

（二）拌施种肥

可将每667平方米的花生用种拌施0.2千克花生根瘤菌剂，加拌钼酸铵2.5～10克钼酸铵；也可将每千克种子拌施硼酸0.4～1克；可将花生仁先用米汤沾湿，然后将每667平方米用的种子拌石膏1～1.5千克，这些拌种方法，可使种子直接吸收肥料，起到增产作用。但在应用时，不能与种衣剂同时使用。

（三）基肥

1. 重视有机肥的施用　有机肥的矿质营养比较全面，同时有机质含量高，有利于改善土壤的团粒结构，增强土壤的保水保肥能力。花生前期根系吸肥能力强，根瘤菌固氮能力弱，前期缺肥苗不壮，后期追肥也难以补救。花生在中后期吸肥较多，根系主要吸收部分已深入到20厘米左右的土层，此时果针下扎，肥料很难深施，而有机肥是迟效性的，肥效持续性释放，能够在各生育期间供应作物营养。所以，在冬、春整地时每公顷应施40～50立方米优质农家肥，对花生增产具有显著的作用。

农家肥应以土粪为主，因秸秆肥在春天干旱的条件下，吸收土壤水分，形成夹干层，影响花生出苗。

2. 氮、磷、钾配合施用　根据花生对氮、磷、钾需求特点，结合测土配方施肥的土壤化验结果，科学地施用肥料，才能提高化肥利用率，增加产量，提高效益。

梨树县在测土施肥工作中，将全县划分为3个施肥类型区，其土壤氮、磷、钾的含量见表4-7。

表4-7　梨树县2006年化验值分区平均值　（单位：毫克/千克）

项目　　分区	土样数	碱解氮	速效磷	速效钾
风沙区	401	94.15	24.61	186.35
中部黑土区	1603	115.12	38.47	198.09
南部棕壤区	654	104.17	39.70	224.56
平均	886	104.48	34.26	203

由于花生种植土壤主要是风沙土，所以，应根据风沙土的化验值来指导花生施肥。根据测土配方施肥卡，梨树县风沙土以公顷3000千克为目标产量，推荐施肥量是：（千克/公顷）纯氮，51.41；

五氧化二磷，58.43；氧化钾，40.67。同时综合邻近双辽的施肥情况，花生的施肥建议比例是氮∶五氧化二磷∶氧化钾＝1∶1∶(0.5～0.8)，施肥配方实物量是：每公顷施二铵 120～150 千克，尿素 80～100 千克，硫酸钾 100 千克（复混肥的品种和数量见参考表 4-8）。同时配施硅钙肥 450 千克。锌肥 20 千克。在风沙土缺磷时，这一配方也可改尿素为硝酸磷肥。如果用花生专用肥，每公顷可用 400 千克做底肥。

表 4-8　花生底肥应用复混肥参考表　（单位：千克/公顷）

复混肥含量	N∶P_2O_5∶K_2O	用量
55％	19∶20∶16	250
50％	18∶18∶14	280
45％	16∶16∶13	310
40％	14∶14∶12	350
35％	12∶13∶10	400
30％	11∶11∶8	460
25％	9∶9∶7	560

（四）追肥

幼苗期生长发育较慢，一般不用追肥，开花下针期植株生长较快，对养分需求量急剧增加，这时可适当追 1～2 次肥。每公顷追施尿素 50～75 千克。肥力高的地块可适当少追，瘠薄地块应适当多追。但追肥不宜过多，防止植株徒长。追肥时还要防止伤根和烧苗。一般将化肥撒于根部或垄侧，用犁蹚上浮土盖上即可。蹚土时，犁后用小拉棒将花生秧拉一下，目的是将撒在叶上的化肥拉掉，防止烧苗。实践证明，追肥比不追肥，每公顷增产15％～20％以上。

（五）喷施叶面肥及生长调节剂

对于双子叶植物来说，叶面肥和植物生长调节剂具有明显的增产效果，一般可增产 5％～20％。喷施植物生长调节剂可与一些杀虫剂结合防虫使用，但绝不能与除草剂混用。

在封垄前，可用"云大 120"或含"云苔素内脂"的调节剂进行叶面喷施，可防止徒长，增加分枝，叶色变深，使植株健壮。

初花期每 667 平方米用活性液肥 150 毫升对清水 50 千克喷施，对促进分枝，增加荚果数，提高饱果率有显著效果。

对于高产早封垄地块，在始花后 40 天，大批果针入土，株高大于 45 厘米时，应及时叶面喷施"多效唑"起到控上促下、调节营养生长和生殖生长关系的作用。

在结荚期，可以喷施 0.2%～0.3% 的磷酸二氢钾和 1% 尿素溶液，能收到补磷增氮的效果。如出现早衰、叶黄等症状，也可喷施生长调节剂，可起到增产增收的作用。

第六节　西瓜需肥特性与配方施肥技术

西瓜是吉林省主要水果品种，近年来虽然面积逐年增加，但西瓜质量有下降趋势，因而只有合理配方施肥才能促进果实的发育和改良品质。

一、西瓜的需肥特性

西瓜对氮、磷、钾三要素的吸收基本与植株干物量的增长相平衡，即生长发育前期吸收氮、磷、钾的量较小，坐果后急剧增加。据有关资料表明：西瓜在发芽期吸收量极小；幼苗期占总吸收量的 0.5%；伸蔓期植株干重迅速增长，矿物质吸收量增加，占总吸收量的 15%；坐果期、果实生长盛期吸收量最大，占全期的 84%。西瓜对氮、磷、钾三要素的吸收，以钾最多，氮次之，磷最少。一般氮、磷、钾三者的比例为 1∶0.25∶1.2。不同生育期对营养元素的吸收是：氮的吸收极早，至伸蔓期增加迅速，果实膨大期达吸收高峰；钾的吸收前期较少，在果实膨大期吸收量急剧上升；磷的吸收初期较高，高峰出现较早，在伸蔓期趋于平稳，果实膨大期明显降低。西瓜在其生长发育过程中有两个极其重要的时期，即营养的临界期和营养的最大效率，在这两个时期如能充分供给养分，西瓜产量常有明显的提高。一般在西瓜生长发育初期，对外界条件较敏感，此时如果养分供应不足，对生长发育有明显的影响，由此造成的损失，以后施用大量肥料也难以补救。在西瓜果实膨大期，需肥量最大，如果缺肥，对西瓜产量影响极大，是西瓜的营养最大效率期。西瓜植株对养分的吸收是连续性的，因而每个生育阶段都应保证养分的供应。

二、配方施肥技术

1. **基肥（施足）**　西瓜基肥一般分两次施，方法是沟施或穴施。沟施就是在深翻西瓜沟时，结合平沟作畦，将基肥施于定植行地面下25厘米处左右，并与土壤掺和均匀。施肥应在定植前15～20天时进行。这次基肥用量为全部基肥用量的70%～80%。一般每667平方米施农家肥4000～5000千克、钙镁磷肥40～50千克、磷酸二铵7.5千克、硫酸钾15～20千克。以沟施为宜，也可施于瓜畦上，后翻入土中。第二次施肥为穴施，即在定植穴内施用肥料。这次施肥在定植前10天左右，这次基肥用量一般为全部基肥用量的20%～30%。每穴可施粪干、猪栏粪0.5千克左右，碎豆粕或豆饼100～150克（最好炸熟加少量糖精），复合化肥70克左右。

2. **追肥**

（1）**提苗肥（巧施）**　在西瓜的幼苗期施用少量的速效肥，可以加速幼苗生长，故称提苗肥。提苗肥是在基肥不足或基肥的肥效还没有发挥出来时追施，这对加速幼苗生长十分重要。一般来说，提苗肥施用量要少，基肥中已经施入了部分化肥的地块，只要苗期不出现缺肥症状，可不追肥。若基肥中施入的化肥较少，或未配有化肥的地块，则应适量巧追提苗肥，以促进幼苗的正常生长发育。施肥时间以幼苗长到2～3片真叶时为宜，或在浇催苗水之前，每667平方米追施4～5千克尿素。苗期追肥切忌过多、距根部过近，以免烧根造成僵苗。

（2）**催蔓肥（要足）**　西瓜抽蔓以后，在株行或株侧追肥，可使西瓜蔓迅速伸长，故称催蔓肥。由于吉林省大多为覆膜栽培，所以催蔓肥应在瓜蔓伸长 20～30 厘米时再追施。因为凡是盖地膜的基肥施用量均较大，推迟追肥时间，有利于保护地膜。追肥部位通常在植株一侧，距根 20 厘米左右追施。一般每 667 平方米追施三元复合肥 20～25 千克，尿素 20～25 千克，硫酸钾 10～12 千克。伸蔓肥以沟施为宜，但开沟不宜太近瓜株，以免伤根，施肥后盖土。

(3) 坐瓜肥（酌施） 西瓜开花前后是坐瓜的关键时期，为了确保西瓜植株能够正常坐瓜，一般来说不要追肥。但在幼瓜长到鸭蛋大小时，西瓜进入吸肥高峰期。此期若缺肥不仅影响瓜的膨大而且会造成后期脱肥，使植株早衰，既降低产量，又影响品质。所以要酌施坐瓜肥，一般可用高浓度复合肥 5～10 千克对水淋施。

3. 喷施叶面肥（后期适当喷施） 西瓜膨瓜后进入后期成熟阶段，根系的吸肥能力已明显减弱，为弥补根系吸肥不足、确保西瓜的正常成熟与品质的提高，可进行叶面喷施追肥。可喷 0.2%～0.3% 的尿素溶液，或 0.2% 的尿素和磷酸二氢钾混合液。这种方法用肥少，见效快，对促进西瓜膨大提早成熟和提高品质有较好的效果。

第七节 白菜需肥特性与配方施肥技术

白菜栽培历史悠久，随着市场经济的发展，种植面积有逐年增加的趋势。由于白菜属于养分敏感的作物，因而采取配方施肥技术，增施有机肥，合理施用化肥，在保持和提高土壤肥力的前提下，最大限度地满足白菜生长发育各个时期的需要量，为蔬菜创造良好发育的营养条件，具有不可代替的决定性作用。

一、白菜的需肥特性

白菜生长速度快、生育时期较长、产量较高，养分需求量极大，远远高于大田作物，由于白菜根群较浅，吸收能力弱，生长期间应不断供给肥水。白菜对钾的吸收量最多，其次是氮、钙、磷、镁。总的需肥特点是：苗期吸收养分较少，莲座期需肥量明显增多，包心期吸收养分最多。充足的氮素营养对促进形成肥大的绿叶和提高光合效率具有特别重要的意义，如果后期磷钾供应不足，往往不易结球。白菜氮、磷、钾的需肥比为 2：1：3。每生产 1000 千克大白菜需氮（N）2.6 千克、磷（P_2O_5）1.1 千克、钾（K_2O）3.1 千克。大白菜全生育期不同阶段对养分的需求量不同，不同生育期吸收氮、磷、钾的比例也不同。苗期氮的吸收量占总吸收量的 5.1%～7.8%，磷占 3.2%～5.3%，钾占 3.6%～7.0%，进入莲座期，氮的吸收占总量的 27.5%～40.1%，磷占 29.1%～45.0%，钾占 34.6%～54.1%。结球初、中期是生长最快、养分吸收最多的时期，氮吸收占总量的 30%～52%，磷占 32%～51%，钾占 44%～51%。结球后期至收获期，养分吸收明显减少，氮吸收占总量的 16%～24%，磷占 15%～20%，钾占 2%～4.5%。由此可见，大白菜需肥最多的时期是莲座期和结球初期，而且这两个时期对养分的吸收速率最快。所以，莲座期和结球初期应特别注意氮、磷、钾养分的供给。

二、施肥技术

白菜配方施肥应重点抓好两个时期，一是定植后及时追肥，促苗恢复生长；二是随白菜个体生长，增加追肥量。施肥方法、时期及用量应依据天气、苗情、土壤状况等而定，实行测土配方施肥。大白菜施肥主要分为底肥和追肥。

1. 底肥　应以有机肥为主，并配施适量化肥。一般每 667 平方米需农家肥 5000 千克，过磷酸钙 25～30 千克或磷酸二铵 15 千克，硫酸钾 10～15 千克。高产地块应适当增加底肥量，可以撒施，也可按行距开沟条施。耕地前先将 60% 的有机肥撒在地表，深翻入土；耙地前再将剩余有机肥撒在地表，耙入浅土中，然后起垄。化肥可施用单质化肥、大白菜专用肥或复合肥，如施用单质化肥，一般每公顷施尿素 300 千克、磷酸二铵 150 千克、硫酸钾 225 千克；如施用 45％大白菜专用肥或复合肥，每公顷用量为 525～675 千克。

2. 追肥 追肥要掌握"前轻后重"的原则，适当增施磷钾肥。

在幼苗期追"提苗肥"。从子叶展开到真叶露心至 8～10 片叶，幼苗期生长速度较快，是根和叶细胞及组织分化最快的时期，如缺肥对以后产量影响较大。所以，定苗后每公顷应追施尿素 75 千克，促进幼苗生长，并使小苗、弱苗向壮苗发展。

莲座期重点追肥。莲座期一般为 20～25 天。莲座期生长的莲座叶是将来在结球期大量制造光合产物的器官，充分施肥、浇水是保证莲座叶强壮生长的关键，但同时要注意防止莲座叶徒长而导致延迟结球。结球期制造养分的叶片在此期基本长成，所以，莲座期的旺盛生长对叶球的生长有决定性作用，此期养分供给多少与是否丰产有直接关系。莲座期每公顷追施尿素 112.5 千克、33％硫酸钾 75 千克，可促进外叶生长，为包心奠定良好基础。

包心期追肥。包心期占全生育期的 1/2，生长量占 2/3，是大白菜包心形成的关键时期。在这一时期根系发展达到最大限度，是产品器官形成期。此时心叶速长，需要充足的养分。如果脱肥，将直接影响心叶抱合生长，降低包心紧实度，影响产量和品质。可选用高氮、高钾、低磷速效复合肥，每公顷用量 220 千克左右，分包心初期和中期两次施用。包心期需肥水量较大。此次追肥有充实叶球内部、促进"灌水"的作用，因此又称"灌心肥"。包心前期靠近心叶的外叶继续生长，也是 1～5 片心叶生长最快的时期。由于外叶铺满地面，地表产生大量须根，使根系吸收营养能力达到高峰，第一次每公顷追施速效肥料 1～50 千克。包心中期外叶几乎不再生长，1～5 片心叶生长，6～10 片心叶生长旺盛。第二次每公顷追施速效肥料 75 千克，包心后期由于光照短、温度低，植株生长缓慢，吸收营养少，追肥效果不明显，因此可以少追或不追肥。

追施微肥。大白菜是一种喜钙作物，如缺钙易引起干烧心病，严重影响大白菜品质。但土壤施钙往往效果不好，应采取叶面补充。可用0.3％～0.5％的氯化钙或硝酸钙叶面喷施，每隔7天喷1次，连喷2～3次即可见效。大白菜也是一种需硼较多的作物，对缺硼的土壤，应施用硼肥。硼肥可做基肥，每公顷施硼砂1～5千克，与其他肥料混合拌匀，施入土中。也可在莲座期至结球期用0.1％～0.2％的硼砂溶液进行喷施，每隔6～7天喷1次，连喷2次，效果较好。

第五章 主要肥料的特性与使用

第一节 氮肥的特性与使用

氮素是作物必需的三大营养元素之一，氮在植物生长过程中占有重要的地位，是植物蛋白质的主要成分，蛋白质又是组成细胞结构的主要物质。氮肥对于农作物的增产起着重要的作用，是目前在农作物上应用最多的化肥。

氮肥根据所含氮的形态，可分为铵态氮肥、硝态氮肥、硝—铵态氮肥、酰铵态氮肥及氰铵态氮肥五大类，包括氨水、碳铵、硫铵、氯化铵（铵态氮肥）、硝酸铵、硝酸钠、硝酸钙（硝态氮、硝铵态氮肥）、尿素（酰胺态氮肥）、石灰氮（氰氨态氮肥）等。根据氮肥的作用强度、肥效期的长短，又可将氮肥分为速效氮肥、缓效氮肥（或长效氮肥）等。

一、氮肥在土壤中的转化

土壤中氮的总含量为 $0.025\% \sim 2.5\%$，但常见的耕地表土氮的含量为 $0.03\% \sim 0.4\%$，不同的土壤中、不同地区的土壤中氮的含量不同，土壤中氮的含量与气候、地形、植物、成土母质及农业利用的方式、年限等因素有关。氮肥的种类不同，在土壤中的转化特点也不相同。

1. 铵态氮肥　液体氨、氨水、硫酸铵、碳酸氢铵和氯化铵均系铵态氮类化肥，它们中 NH_4^+（铵离子）的转化相同，易被土壤胶体吸附和作物吸收利用，不易流失，遇碱性物质极易引起氨（NH_3）的挥发损失；在偏碱性土壤中及通气条件下，则易被微生物转化为硝态氮。除被植物吸收外，一部分被土壤胶体吸附，另一部分通过硝化作用将转化为 NO_3^-（硝酸根离子）。硫酸铵和氯化铵中阴离子的转化相似，只是生成物不同，酸性土壤中两者都分别生成硫酸和盐酸，增加土壤酸度；石灰性土壤中则分别生成硫酸钙和氯化钙，使土壤孔隙堵塞或造成钙的流失，使土壤板结，结构破坏。二者在水田中的转化亦有所不同，氯化铵的硝化作用明显低于硫铵，且不会像硫铵一样产生水稻黑根，因此在水田中往往氯化铵的肥效高于硫铵。碳铵中的碳酸氢根离子除了作为植物的碳素营养之外，大部可分解为二氧化碳和水，因此，碳铵在土壤中无任何残留，对土壤无不良影响。

2. 硝态氮及硝铵态氮肥　氮肥中主要成分含有硝酸根（NO_3^-）的肥料称为硝态氮肥，而既含有硝酸根，又含有铵态氮的肥料称硝—铵态氮肥。这类肥料包括硝酸铵、硝酸钠、硝酸钙、硝酸铵钙等。硝态氮肥（如硝酸铵）施入土壤后，NH_4^+ 和 NO_3^- 均可被植物吸收，对土壤无不良影响。NH_4^+ 除被植物吸收外，还可被胶体吸附，NO_3^- 则易随水淋失，在还原条件下还会发生反硝化作用而脱氮。

硝铵放入土壤后，解离成铵离子（NH_4^+）和硝酸根离子（NO_3^-），两者均易被作物吸收，无任何副成分。NH_4^+ 被土壤胶体吸附，酸性土壤上 NO_3^- 生成 HNO_3，中性和石灰性土壤上生成硝酸盐（钙、镁），这些物质在土壤中移动性大，易随水流失。硝铵施入稻田，当 NO_3^- 达到还原层时，还会发生硝化反应，引起脱氮损失。

3. 酰铵态氮肥——尿素　酰胺态氮肥（如尿素）与其他氮肥不同，是一种合成的有机酰铵态氮肥，也是氮肥中含量最多、浓度最大的优质氮肥。尿素施入土壤后，首先以分子的形式存在，在土壤中有较大的流动性，且植物根系不能直接大量吸收，以后尿素分子在微生物分泌的脲酶的作用下，转化为碳酸铵，碳酸铵可进一步水解为碳酸氢铵和氢氧化铵。所以，尿素施在土壤的表层也会有氨的挥发损失，特别在石灰性土壤和碱性土壤上损失更为严重。尿素的转化速度主要取决于脲酶活性，而脲酶活性受土壤温度的影响最大，通常 10℃ 时尿素转化需 7～10 天，20℃ 时需 4～5 天，30℃ 时只需 2 天。因为尿素在土壤中需要转化为铵态氮以后，才能大量被植物吸收利用，故尿素作追肥时，要比其他铵态氮肥早几天施用，具体以早几天为宜，应视温度状况而定。

4. 氰氨态氮肥—石灰氮　石灰氮又名氰氨化钙（$CaCN_2$），含氮 20%～22%，此外还含有 20%～28% 的氧化钙、9%～10% 的硫、少量的氧化物（硅、铝、铁、铜、锌、磷）等，为黑色粉末。

石灰氮施入土壤后，与土壤中的水、二氧化碳发生一系列的反应。在酸性土壤上首先生成酸性氰氨化钙，进而和土壤胶体吸附的氢离子代换生成有毒的游离氰氨，再进一步由游离氰氨转化为尿素。尿素在脲酶的作用下转化为碳酸铵，最后由碳酸铵解离为铵离子（NH_4^+），才能被作物吸收利用。

酸性土壤施用石灰氮，可以降低土壤酸性，改良土壤。但氰氨化钙及反应中间产物酸性氰氨化钙、游离氰氨都对作物有害，施用 15 天左右毒性才消失。

在碱性土壤上，石灰氮分解缓慢，在碱性条件下，氰氨可进一步聚合成双氰氨。双氰氨难以分解，也难被作物吸收，同时还有一定的毒害作用，故石灰氮不宜在碱性土壤上施用。

石灰氮为迟效肥料，而且分解产物对种子和作物有毒害作用，不能作种肥和直接追肥施用。石灰氮适于大田作物和中性土壤。

二、氮肥的合理分配和施用

研究氮肥合理施用的基本目的在于减少氮肥损失，提高氮肥利用率，充分发挥肥料的最大增产效益。由于氮肥在土壤中有氨的挥发、硝态氮的淋失和硝态氮的反硝化作用三条非生产性损失途径，所以氮肥的利用率是不高的。据统计，我国氮肥利用率在水田为 35%～60%，旱田为 45%～60%，平均为 50%，约有一半损失掉了，既浪费了资源，又污染了环境。所以，合理施用氮肥，提高其利用率，是生产上亟待解决的一个问题。

（一）氮肥的合理分配

氮肥的合理分配，应根据土壤条件、作物的氮素营养特点和肥料本身的特性来进行。

1. 根据土壤条件合理确定肥料的分配和施用　这一点是进行肥料区划和分配的必要前提，也是确定氮肥品种及其施用技术的依据。首先必须将氮肥重点分配在中、低等肥力的地区，碱性土壤可选用酸性或生理酸性肥料，如硫铵、氯化铵等；酸性土壤上应选用碱性或生理碱性肥料，如硝酸钠、硝酸钙等。盐碱土不宜分配氯化铵，尿素适宜于一切土壤。铵态氮肥宜分配在水稻地区，并深施在还原层，硝态氮肥宜施在旱地上，不宜分配在雨量偏多的地区或水稻区。"早发田"要掌握前轻后重、少量多次的原则，以防作物后期脱肥，"晚发田"既要注意前期提早发苗，又要防止后期氮肥过多，造成植株贪青倒伏。一般的沙土、沙壤土保肥性能差，氨的挥发比较严重，因此氮肥不能一次性施用过多，而应该每次少施，增加施用次数；轻壤土、中壤土有一定的保肥性能，可以适当地多施一些氮肥；黏土的保肥性能很强，施入土壤中的肥料可以很快被土壤吸收、固定，可减少施肥次数，氮肥可一次多施。

2. 根据作物特性确定施肥量和施肥时期　作物的氮素营养特点是决定氮肥合理分配的内在因素，不同作物对氮肥的需要不同，一些叶菜类如大白菜、甘蓝和以叶为收获物的作物需氮较多，豆科作物一般只需在生长初期施用一定的氮肥，同种作物不同品种需氮量也不同，同种作物不同生长期需氮量也不同。

在氮肥施用上，首选要考虑作物的种类，应将氮肥重点分配在经济作物和粮食作物上。其次要考虑不同作物对氮素形态的要求，水稻宜施用铵态氮肥，尤以氯化铵和氨水效果较好，马铃薯最好施用硫铵，大麻喜硝态氮，甜菜以硝酸钠最好，番茄幼苗期喜铵态氮，结果期则以硝态氮为好，一般禾谷类作物硝态氮和铵态氮均可，叶菜类多喜硝态氮等。作物不同生育时期施用氮肥的效果也不一样，在保证苗期营养的基础上，一般玉米要重施穗肥，早稻则要蘖肥重、穗肥稳、粒肥补，果树重施腊肥，这样都是经济有效施用氮肥的措施。

3. 根据肥料特性采用适当的施用方法 肥料本身的特性和氮肥的合理分配密切相关，铵态氮肥表施易挥发，宜做基肥深施覆土。硝态氮肥移动性强，不宜做基肥，更不宜施在水田。碳铵、氨水、尿素、硝铵一般不宜用做种肥，氯化铵不宜施在盐碱土和低洼地，也不宜施在棉花、烟草、甘蔗、马铃薯、葡萄、甜菜等忌氯作物上。干旱地区宜分配硝态氮肥，多雨地区或多雨的季节宜分配铵态氮肥。

（二）氮肥的有效施用

氮肥深施：氮肥深施不仅能减少氮素的挥发、淋失和反硝化损失，还可以减少杂草和稻田藻类对氮素的消耗，从而提高氮肥的利用率。据测定，与表面撒施相比，深施利用率可提高20%～30%，且延长肥料的作用时间。

氮肥与有机肥、磷肥、钾肥配合施用：作物的高产、稳产，需要多种养分的均衡供应，单施氮肥，特别是在缺磷少钾的地块上，很难获得满意的效果。氮肥与其他肥料特别是磷肥、钾肥的有效配合对提高氮肥利用率和增产作用均很显著。氮肥与有机肥配合施用，可取长补短，缓急相济，互相促进，既能及时满足作物营养关键时期对氮素的需要，同时有机肥还具有改土培肥的作用，做到用地养地相结合。

第二节　磷肥的特性与使用

磷是作物必需的三大元素之一，在植物的组织结构和新陈代谢中占有重要的位置。磷（P_2O_5）占作物干重的 0.2%～1.1%。

磷多存在于作物的种子和果实中，作物体内的蛋白质、核蛋白、磷脂和很多酶都含有磷。

根据溶解度的大小和作物吸收的难易，通常将磷肥划分为水溶性磷肥、弱酸溶性磷肥和难溶性磷肥三大类。凡能溶于水（指其中含磷成分）的磷肥，称为水溶性磷肥，如过磷酸钙、重过磷酸钙；凡能溶于 2％柠檬酸、中性柠檬酸铵或微碱性柠檬酸铵的磷肥，称为弱酸溶性磷肥或枸溶性磷肥，如钙镁磷肥、钢渣磷肥、偏磷酸钙等。既不溶于水，也不溶于弱酸而只能溶于强酸的磷肥，称为难溶性磷肥，如磷矿粉、骨粉等。下面介绍一下生产上常用磷肥的性质与使用。

一、磷肥在土壤中的转化

1. 过磷酸钙在土壤中的转化　过磷酸钙施入土壤后，最主要的反应是异成分溶解。即在施肥以后，水分向施肥点汇集，使磷酸一钙溶解和水解，形成一种磷酸一钙、磷酸和含水磷酸二钙的饱和溶液。

这时施肥点周围土壤溶液中磷的浓度可高达 10～20 毫克/千克，使磷酸不断向外扩散。在施肥点，其微域土壤范围内饱和溶液的 pH 值可达 1～1.5，在向外扩散的过程中能把土壤中的铁、铝、钙、镁等溶解出来，与磷酸根离子作用，形成不同溶解度的磷酸盐。在石灰性土壤中，磷与钙作用，生成磷酸二钙和磷酸八钙，最后大部分形成稳定的羟基磷灰石。在酸性土壤中，磷酸一钙通常与铁、铝作用形成磷酸铁、磷酸铝沉淀，而后进一步水解为盐基性磷酸铁铝。在弱酸性土壤中，磷酸一钙易被黏土矿物吸附固定。在中性土壤中，过磷酸钙主要是转化为 $CaHPO_4 \cdot 2H_2O$（二水合磷酸氢钙）及溶解的 $Ca(H_2PO_4)_2$（磷酸二氢钙），是对作物供磷能力的最佳状态。$CaHPO_4 \cdot 2H_2O$ 是弱酸溶性的，残留在施肥点位置，故过磷酸钙在土壤中移动性很小，水平范围为 0.5 厘米，纵深不过 5 厘米，其当年利用率也很低，通常为 10％～25％。

2. 钙镁磷肥在土壤中的转化　钙镁磷肥可在作物根系及微生物分泌的酸的作用下溶解，供作物吸收利用。

3. 磷矿粉在土壤中的转化　磷矿粉施入土壤后，在化学、生物化学和生物因素的作用下逐渐分解，改变原有状态而转化为新的磷化合物。

影响这种转化的因素主要是土壤 pH 值、Ca^{2+} 浓度和 $H_2PO_4^-$ 的浓度，很明显，在酸性条件下有利于磷矿粉的这种转化。因此，磷矿粉以施在酸性土壤肥效较高。

二、磷肥的合理分配和有效施用

磷肥是所有化学肥料中利用率最低的，当季作物一般只能利用 $10\% \sim 25\%$，其原因主要是磷在土壤中易被固定。同时它在土壤中的移动性又很小，而根与土壤接触的体积一般仅占耕层体积的 $4\% \sim 10\%$。因此，尽量减少磷的固定，防止磷的退化，增加磷与根系的接触面积，提高磷肥利用率，是合理施用磷肥，充分发挥单位磷肥最大效益的关键。

1. 根据土壤条件合理分配和施用磷肥　在土壤条件中，土壤的供磷水平、土壤中氮与五氧化二磷的比例、有机质含量、土壤熟化程度以及土壤酸碱度等因素与磷肥的合理分配和施用关系最为密切。

土壤供磷水平及氮与五氧化二磷的比例：土壤全磷含量与磷肥肥效相关性不大，而速效磷含量与磷肥肥效却有很好的相关性。一般认为速效磷（五氧化二磷）在 10～20 毫克/千克范围为中等含量，施磷肥增产；速效磷大于 25 毫克/千克，施磷肥无效；速效磷小于 10 毫克/千克时，施磷肥增产显著。蔬菜地磷的临界范围比较高，速效磷达 57 毫克/千克时，施磷肥仍有效。磷肥肥效还与土壤中氮与五氧化二磷的比例密切相关，在供磷水平较低，氮与五氧化二磷比例大的土壤上，施用磷肥增产显著；在供磷水平较高，氮与五氧化二磷比例小的土壤上，施用磷肥效果较小；在氮、磷供应水平都很高的土壤上，施用磷肥增产不稳定；而在氮、磷供应水平均低的土壤上，只有提高施氮水平，才有利于发挥磷肥的肥效。

土壤有机质含量与磷肥肥效：一般来说，在土壤有机质含量大于 2.5％的土壤上，施用磷肥增产不显著，在有机质含量小于 2.5％的土壤上才有显著的增产效果。这是因为土壤有机质含量与有效磷含量呈正相关，因此磷肥最好施在有机质含量低的土壤上。

土壤酸碱度与磷肥肥效：土壤酸碱度对不同品种磷肥的作用不同，通常弱酸溶性磷肥和难溶性磷肥应分配在酸性土壤上，而水溶性磷肥则应分配在中性及石灰性土壤上。

在没有具体评价土壤供磷水平数量指标之前，也可以根据土壤的熟化程度对具体田块分配磷肥。一般应优先分配在瘠薄的瘦田、旱田、冷浸田、新垦地和新平整的土地，以及有机肥不足、酸性土壤或施氮肥量较高的土壤上，因为这些田块通常缺磷，施磷肥效果显著，经济效益高。

2. 根据作物需磷特性和轮作换茬制度合理分配和施用磷肥

作物种类不同，对磷的吸收能力和吸收数量也不同。同一土壤上，凡对磷反应敏感的喜磷作物，如豆科作物、甘蔗、甜菜、油菜、萝卜、荞麦、玉米、番茄、甘薯、马铃薯和果树等，应优先分配磷肥。其中豆科作物、油菜、荞麦和果树，吸磷能力强，可施一些难溶性磷肥。而薯类虽对磷反应敏感，但吸收能力差，以施水溶性磷为好。某些对磷反应较差的作物如冬小麦等，由于冬季土温低，供磷能力差，分蘖阶段又需磷较多，所以也要施磷肥。

有轮作制度的地区，施用磷肥时，还应考虑到轮作特点。在水旱轮作中应掌握"旱重水轻"的原则，即在同一轮作周期中把磷肥重点施于旱作上；在旱地轮作中，磷肥应优先施于需磷多、吸磷能力强的豆科作物上；轮作中作物对磷具有相似的营养特性时，磷肥应重点分配在越冬作物上。

3. 根据肥料性质合理分配和施用 水溶性磷肥适于大多数作物和土壤，但以中性和石灰性土壤更为适宜。一般可做基肥、追肥和种肥集中施用。弱酸溶性磷肥和难溶性磷肥最好分配在酸性土壤上，做基肥施用，施在吸磷能力强的喜磷作物上效果更好。同时弱酸溶性磷肥和难溶性磷肥的粉碎细度也与其肥效密切相关，磷矿粉细度以90％通过100目筛孔，即最大粒径为0.149毫米为宜。钙镁磷肥的粒径在40～100目范围内，其枸溶性磷的含量随粒径变细而增加，超过100目时其枸溶率变化不大，不同土壤对钙镁磷肥的溶解能力不同及不同种类的作物利用枸溶性磷的能力不同，所以对细度要求也不同。在种植旱作物的酸性土壤上施用，不宜小于40目，在中性缺磷土壤以及种植水稻时，不应小于60目，在缺磷的石灰性土壤上，以100目左右为宜。

4. 以种肥、基肥为主，根外追肥为辅 从作物不同生育期来看，作物磷素营养临界期一般都在早期，如水稻、小麦在三叶期，棉花在二至三叶期，玉米在五叶期，都是作物生长前期，如施足种肥，就可以满足这一时期作物对磷的需求，否则，磷素营养在磷素营养临界期供应不足，至少减产15％。在作物生长旺期，对磷的需要量很大，但此时根系发达、吸磷能力强，一般可利用基肥中的磷。因此，在条件允许时，1/3做种肥，2/3做基肥，是最适宜的磷肥分配方案。如磷肥不足，则首先做种肥，既可在苗期利用，又可在生长旺期利用。生长后期，作物主要通过体内磷的再分配和再利用来满足后期各器官的需要。因此，多数作物只要在前期能充分满足其磷素营养的需要，在后期对磷的反应就差一些。但有些作物如棉花在结铃开花期、大豆在结荚开花期、甘薯在块根膨大期均需较多的磷，这时可采取根外追肥的方式来满足作物的需要。根外追肥的浓度，单子叶植物如水稻和小麦以及果树的喷施浓度为1％～3％；双子叶植物如棉花、油菜、番茄、黄瓜等则以0.5％～1％为宜（过磷酸钙）。

5. 磷肥深施、集中施用 针对磷肥在土壤中移动性小且易被固定的特点，在施用磷肥时，必须减少其与土壤的接触面积，增加其与作物根群的接触机会，以提高磷肥的利用率。磷肥的集中施用，是一种最经济有效的施用方法，因集中施用在作物根群附近，既减少与土壤的接触面积而减少固定，同时还提高施肥点与根系土壤之间磷的浓度梯度，有利于磷的扩散，便于根系吸收。

6. 氮肥、磷肥配合施用　氮、磷配合施用，能显著地提高作物产量和磷肥的利用率。在一般不缺钾的情况下，作物对氮和磷的需求有一定的比例。如禾本科作物的氮、磷比例为（2～3）：1，苹果的氮、磷比为 2：1，而我国大多数土壤都缺氮素，所以单施磷肥，不会获得较高的肥效，只有当氮、磷营养保持一定的平衡关系时，作物才能高产。

7. 与有机肥料配合施用　首先，有机肥料中的粗腐殖质能保护水溶性磷，减少其与铁、铝、钙的接触而减少固定；其次，有机肥料在分解过程中产生多种有机酸，如柠檬酸、苹果酸、草酸、酒石酸等。这些有机酸与铁、铝、钙形成络合物，防止了铁、铝、钙对磷的固定，同时这些有机酸也有利于弱酸溶性磷肥和难溶性磷肥的溶解；再次，上述有机酸还可络合原土壤中磷酸铁、磷酸铝、磷酸钙中的铁、铝、钙，提高土壤中有效磷的含量。

8. 磷肥的后效　磷肥的当年利用率为 $10\% \sim 25\%$，大部分的磷都残留在土壤中，因此其后效很长。据研究，磷肥的年累加表现利用率连续 5～10 年，可达 50% 左右，所以在磷肥不足时，连续施用几年以后，可以隔 2～3 年再施用，利用以前所施磷肥的后效，就可以满足作物对磷肥的需求。

总之，磷肥合理施用，既要考虑到土壤条件、磷肥品种特性、作物的营养特性、施肥方法，还要考虑到与氮肥的合理配比及磷肥后效。当土壤中钾和微量元素不足时，还要充分考虑到这些元素，使其不成为最小限制因子。这样，才能提高磷肥的肥效。

第三节 钾肥的特性与使用

钾是作物必需的三大营养元素之一。钾肥是钾素肥料的简称，是以钾为主要养分的肥料。农业生产上，经常使用的主要钾肥品种有硫酸钾、氯化钾、钾镁肥、硝酸钾、草木灰及生物钾肥等。

多年的研究表明，南方地区大约有 2/3 的水稻土和 1/2 的旱地土壤缺钾，长江以南地区缺钾面积约占全国缺钾面积的 80％。在北方，土壤自西向东供钾能力逐渐降低，固钾能力逐渐增强，存在明显地带性分布规律。在东北和华北地区主要作物施用适量氮肥和磷肥的基础上，应该注意增施钾肥。而在西北地区，粮食作物的增产效果尚不稳定，但在喜钾作物，如棉花、马铃薯、瓜、果、蔬菜等作物上，增施钾肥已经有明显的增产效果。

一、钾肥的主要特性与作用

由于钾元素在植物体内以游离钾离子形式存在，有促进碳水化合物和氮的代谢、控制和调节各种矿物营养元素的活性、活化各种酶的活动、控制养分和水的输送、保持细胞的内压、防止植物枯萎的功效。施用钾肥能促进作物苗壮生长，茎秆粗硬，增强作物对病虫害和倒伏的抵抗能力，并能促进糖分和淀粉的生成。

1. 保持较高的土壤钾素肥力是高产、稳产的基础 作物对钾的需要量常比氮、磷多，其所吸收的钾素，不外来自土壤和施用的钾肥。20 世纪 70 年代前，我国基本上没有化学钾肥供应，农田土壤钾素平衡是依靠农家肥和土壤钾素的自然补给来维持的。由于以往的复种指数和产量都不高，作物每年吸收的钾较少，因此得以维持钾素的平衡。随着农业的迅速发展，土壤中钾的支出在增多，出现了严重的不平衡现象，如中国科学院南京土壤研究所做的大量试验和调查结果表明，太湖地区农田总的养分平衡状况是氮、磷基本平衡并略有盈余，钾大量亏损，年亏缺量为 52.5

千克/公顷。由于土壤钾素长期得不到补充，以致缺钾的矛盾日益暴露，据数据显示，南方几个省的缺钾面积约占 60%。因此，应增施钾肥，补充土壤钾素的亏损，以建立起较高的钾素平衡，保持较高的土壤钾素肥力，为作物高产、稳产提供物质基础。

2. 钾能增强作物的抗逆性　施钾能使作物生长健壮。钾在增强作物抗旱能力方面的作用很大。当钾素供应充分时，根系发育好，有利于从土壤中吸收水分。钾素能提高细胞液的渗透压，保持细胞壁的弹性，可减少水分的损失。钾素对气孔开闭的调节也有重要作用，当钾素充足时，可减少水分蒸发，植物细胞壁增厚，茎秆坚韧，抗寄生菌穿透的机械阻力增加，同时作物体内的低分子化合物减少，病原菌缺少食物来源，便阻止了病害的发展，故钾在增强作物抗病害方面的作用是很明显的。在我国一些偏施氮肥导致病害严重的地区，配施钾肥后病害大为减轻，故有"钾肥似农药"的说法。此外，钾还能增强作物的抗虫害、抗冻害和抗不良土壤环境的能力。

3. 增施钾肥可提高作物的品质　钾能促进光合作用，提高光合效率，促进光合产物的运输。钾素充足时，单糖向蔗糖、淀粉合成方面进行，因此钾对淀粉类、糖类作物产量和品质有良好的影响。钾还能促进作物对氮的吸收和利用，促进蛋白质的合成。因此，钾供应充足，不仅增加产量，还能增加籽粒中蛋白质的含量，改善品质。钾在改善品质方面的良好作用，除了表现在基本营养物质（如蛋白质、碳水化合物等）的提高外，还可增加矿物质含量、改善果实的外观形态以及增加水果的耐储藏性等。

实践证明，单施氮肥所产生的不良作用通过配施钾肥可以得到不同程度的改善。施用钾肥有时不一定能提高产量，但对改良品质却起到了很好的作用。随着人民生活水平和农产品商品率的提高，对产品品质更为重视，特别是为了占领国际市场，对品质的要求更高，应发挥钾肥在这方面的作用。

4. 配施钾肥，调整养分比例，可充分发挥其他肥料的作用作物需要的各种养分，大体成一定比例，如水稻吸收的氮、磷、钾比例为 2∶1∶2.5（氮∶五氧化二磷∶氧化钾）。养分供应失调时，就会影响作物的正常生长和发育，因此各种养分的平衡供应是作物高产的必要条件，氮肥、磷肥、钾肥的施用比例也是衡量农业发展水平的一个指标。

在一些缺钾的土壤上单靠增施氮肥，已不能再增加产量，或者氮肥的效用比以前下降了。土壤中钾素贫乏，氮、钾营养比例失调是氮肥效用下降的原因之一，如晚稻试验表明，当氮的用量由 2.1 千克增加到 4.2 千克和 6.3 千克时，水稻产量由 286 千克下降至 269 千克和 255 千克，施钾肥后，则上升为 340 千克、346 千克和 355 千克。为了充分发挥化肥的效用，在土壤养分供应不足时，应做到氮肥、磷肥、钾肥平衡施用。

二、钾肥的合理分配与施用

在钾肥的高效施用技术上，首先要考虑土壤供钾能力，主要依据土壤供钾水平确定最佳施钾量。了解不同地区的供钾状况，可以为钾肥的分配和合理施用提供依据。试验结果表明，作物施钾的增产率与土壤速效钾含量呈显著的相关性。还要考虑土壤中钾与其他营养元素之间的相互作用，注意钾肥与氮、磷和中微量元素的平衡施用。

土壤中全钾（氧化钾）的含量一般为 0.3%～2.5%，假如这些钾全部都是有效态的，则可供作物利用一两百年，可惜的是绝大多部分（98%以上）的土壤钾素存在于土壤矿物中，作物极难利用，我们将其称之为矿物钾，这是第一种形态，也是土壤全钾含量的主体。第二种形态钾是缓效性钾，占全钾的 2%左右，可以逐步释放出来，是速效性钾的贮备。当评价土壤的长期供钾潜力时，应主要考虑这种形态钾的含量和转化速率。第三种形态钾是速效性钾，以交换性钾为主，也包括少量水溶性钾。它只占全钾量的 0.1%～2%，作物当季所利用的主要是这一部分。

不同土壤中各种形态钾素的含量差别很大，这主要归因于成土母质和风化条件的不同。我国北方地区，风化作用较弱，无论在什么母岩上形成的土壤，其黏粒部分都有大量水云母和保持交换性钾的能力较强的蒙脱类矿物存在，除质地较粗、黏粒含量低者外，一般供钾能力都高。长江以南地区，由于风化淋溶作用逐渐增强，黏粒中水云母逐渐减少，而本身既不含钾且保钾能力又差的高岭类矿物和三水铝矿逐渐增多，所以土壤缺钾现象逐渐明显；在同一气候条件下缺钾的程度则与母岩有密切的关系。此外，由冲积和沉积物发育的土壤，常因土壤物质来源及质地的差异，钾素供给能力也会不同。

1. 注意氮肥、磷肥、钾肥配合施用　钾肥与氮肥、磷肥配合施用于同一土壤，当氮、磷养分含量低，或氮肥、磷肥用量少，生产水平不高时，钾的问题不会突出，随着氮肥、磷肥用量的大量增加和产量的提高，对钾肥的需要就会日益明显，多年来农业的发展过程已经充分证实了这点。大量试验表明，在施用氮肥、磷肥基础上施用钾肥，水稻一般可增产15%左右。在一些地区，氮肥作用有下降的趋势，原因之一是没有注意配施钾肥，氮、钾比例失调。因此，在生产实践中，必须注意平衡施肥。

2. 冷浸田应多施用钾肥　在土壤环境条件不良的冷浸田上施用钾肥，水稻由于钾素养分的改善，增强了根系活力后，根系氧化力也增强了，因而使土壤的还原物质含量降低，氧化还原电位增高，这样便防止或减轻了硫化物、有机酸和亚铁的危害，从而有利于水稻的生长，故冷浸田施用钾肥，常常会获得好的效果。

3. 在轮作中合理分配钾肥　在双季稻，以及小麦和单季稻轮作制中，钾肥施用在后季稻和小麦上的效果大。钾肥在晚稻上的效果大于早稻的原因是多方面的，主要与早稻和晚稻生长时期和土壤钾素供应状况不同有关，如一个试验表明，早稻移栽时土壤速效性钾含量为9.9毫克/100克干燥土壤，到成熟时下降到4.3毫克/100克干燥土壤，土壤钾素未能恢复随即翻耕栽播晚稻，加上晚稻一般施用有机肥又较少，因此晚稻施钾肥效果较明显。当钾肥有限时，应首先保证在晚稻施用。

4. **注意秧田施钾**　俗话说："秧好一半稻"，这说明秧苗的素质会影响水稻的生长发育。健壮的秧苗移栽本田后，返青快、分蘖早、叶片多，有明显的增产效果。钾肥对培育壮秧有良好的作用，在钾肥用量相同的情况下，采取秧田与大田分别施用，较之全部施在大田，常有显著的增产效果。江西的试验表明，在氯化钾总用量为 7.5 千克/667 米^2 的情况下，秧田和大田分别施用2.5 千克和 5 千克，与 7.5 千克全施于大田者相比，产量分别为357.3 千克与 318.7 千克，即增产 11%。

5. **经济作物施用钾肥效果显著**　经济作物一般对钾肥反应敏感，需要量大，例如主产甘蔗每 667 平方米约吸收氧化钾 40～53千克、香蕉每 667 平方米约吸收氧化钾 95 千克，而作为粮食作物水稻，500 千克水稻所吸收的氧化钾仅是 10 千克。钾肥不但可以提高产量，而且可以提高产品品质，栽培经济作物的土壤，往往钾素供应水平低，因此发展经济作物需要施用大量钾肥。

6. **根据作物特性　施用不同品种的钾肥**　氯化钾和硫酸钾是常用的钾肥品种，钾肥还包括进口的硫钾镁肥。硫酸钾和硫钾镁肥的价格较氯化钾高，数量少，且不含氯，应主要用于忌氯作物，如烟草，而氯化钾可广泛用于除少数忌氯作物外的其他作物上。

7. **注意钾肥的施用技术**　钾肥的施用量和施用时期对提高钾肥作用也很重要。每种作物有其最佳的适宜钾肥用量，施多了，作物会奢侈吸收，一般虽不致危害，但不经济。对多数作物来说，钾肥以做基肥为好，某些作物以基肥和前期追肥相结合较好。当植株出现明显缺钾症时，追施也有效果，但此时作物的产量和品质已受到明显的损害。由于黏土矿物对钾的吸附能力弱，加上雨水多，施入的钾肥易被淋失，沙质土的保肥性能也很弱，故在这些土壤上，应强调分次施用，以减少钾的损失。

8. **尽量利用有机肥料，特别是秸秆和草木灰**　我国钾肥资源缺乏，大量钾肥全靠进口，除应注意合理施用钾肥外，还必须就地取材，增加钾肥来源。在有条件的地区，应大力提倡草木灰还田。另外，在有条件的地区，秸秆还田也是重要的补充钾肥的措施。

第四节 复混肥的特性与使用

复混肥是复合肥料和混合肥料的统称，是由化学方法或物理方法加工制成的，是在农业机械化、化肥生产工艺、化肥销售系统以及农化服务日趋完善的基础上发展起来的。生产和施用复混肥料可以物化施肥技术，科学施肥技术以物质为载体，落实到生产上，达到提高肥效和化肥利用效率的目的。从我国化肥肥效演变情况表明，到了 20 世纪 80 年代，我国化肥已由以往的补充单一营养元素，即所谓"矫正施肥"，转入氮磷钾平衡施肥。对此，于 20 世纪 80 年代初，农业部农业司土肥处率先在全国推行配方施肥。我国的配方施肥技术正由初级（定性、半定量）向高级（定量、优化）发展，不断引进、吸收国外平衡施肥的先进技术，这为复混肥产业提供了良好的发展平台。

一、复混肥的含义和养分量表示法

复混肥料是指含有氮、磷、钾 3 种养分中，至少有 2 种或 2 种以上养分的肥料。含氮、磷、钾任何两种元素的肥料称为二元复混肥。同时含有氮、磷、钾 3 种元素的复混肥料称为三元复混肥，并用 $N-P_2O_5-K_2O$ 的配合式表示相应氮、磷、钾的百分比含量。

复混肥料根据氮、磷、钾总养分含量不同，可分为低浓度（总养分≥25%）、中浓度（总养分≥30%）和高浓度（总养分≥40%）复混肥。

根据肥料功能，可将复混肥分成能用型、专用型和多功能型三大类。通用型复混肥料适用的作物和地区范围广泛，但针对性不强，其中有的营养元素可能过剩，有的营养元素可能不足。专用复混肥料的营养配比是针对某种作物的需肥特性或某种土壤的缺素症状而特殊制定的专用肥料，因此针对性比较强，肥料效应和经济效益都比较高。多功能复混肥料除了起到肥料本身的功效以外，还兼有除草、杀虫、治病、消除土壤重金属污染、净化环境的功能。

根据其制造工艺和加工方法不同，可分为复合肥料、复混肥料和掺混肥料：

1. 复合肥料　单独由化学反应而制成的，含有氮磷钾两种或两种以上元素的肥料。有固定的分子式的化合物，具有固定的养分含量和比例。如磷酸二氢钾、硝酸钾、磷酸一铵、二铵等。

2. 复混肥料　是以现成的单质肥料（如尿素、磷酸铵、氯化钾、硫酸钾、普钙、硫酸铵、氯化铵等）为原料，辅之以添加物，按一定的配方配制、混合、加工造粒而制成的肥料。目前市场上销售的复混肥料绝大部分都是这类肥料。

3. 掺混肥料　又称配方肥、BB肥，是由两种以上粒径相近的单质肥料或复合肥料为原料，按一定比例，通过机械掺混而成，是各种原料的混合物。这种肥料一般是农户根据土壤养分状况和作物需要随混随用。

二、复混肥的特点

肥料是植物的粮食，是粮食生产的物质基础。化肥在我国粮食生产和农业持续发展中的作用是不可替代的，在粮食总产中化肥的贡献率为30%～40%，而在增产的粮食中，化肥的贡献在50%～60%。复混肥的出现和迅速发展是科学施肥提高到一个新水平的标志，是肥料生产和施用的基本方向。随着农村劳动力向第二三产业的转移，农业生产的集约化、机械化水平不断提高，农业上需要根据作物需肥特性和土壤肥力状况来生产和供应同时含有几种营养成分的复混肥料，以便一次机械施肥作业即可达到要求，节省劳力和能量的消耗；同时也避免多次重复的机械行走带来的土壤压板、污染等可能的副作用。复混肥料的主要特点是：

1. 多种肥料一次施用，可以节省施肥费用　在一般情况下，复混肥料养分全面，不用添加其他营养成分，要是农户自己买单质肥料进行混配，可能造成养分不均，配方不合理，还费工、费力。现在的复混肥不但养分全面，而且添加了很多有益的成分。腐殖酸营养型复混肥不但含有氮、磷、钾 3 种元素，还以腐殖酸为载体，这样，既提高了化肥的利用率，又能对土壤起到一点的培肥、改良作用。一次节约的费用大于因混合增加的费用，但是，如果基础物料品位低则可能后者大于前者。

2. 可以根据当地土壤和作物特点进行配方　这样能更好地符合作物的养分需求和充分利用土壤肥力，如大豆的需肥特性比较喜磷、钾，还有微量元素钼。所以在生产大豆专用复混肥时可以加大磷、钾的比例，并适当添加钼元素，这类配方合理的复混肥既有利于提高化肥利用率，减少肥料浪费，还可以提高产量。

3. 科学施肥　复混肥的应用，可以在某种程度上避免农户因不了解肥料、作物和土壤特点而出现盲目施肥的问题。但要做到真正的科学施肥，就要做到有机肥和无机肥配合施，氮肥深施，磷肥分层施，采用一次性施肥要慎重，沙土地、漏水漏肥的地块禁止采用一次性施肥，施肥量一定要达到标准，采取深施肥，防止烧种烧苗，选择一次性复混肥时要注意选用加入了长效剂、稳定剂的复混肥，最好是选用科技含量高的新型缓（控）释复混肥。

复混肥这些基本特点的前提是配方要合理，这可能也是目前我国复混肥生产和施用中最重要的问题。有些厂家不了解当地土壤和作物特点，盲目按氮∶五氧化二磷∶氧化钾＝1∶1∶1比例生产销售复混肥，造成了钾肥或磷肥的浪费。此外，复混肥中微量元素的加入，更需要深入了解当地土壤的微量元素营养状况。否则，一是会造成肥料的浪费，二是可能导致作物中毒，三是如果长期施用土壤并不缺乏的微量元素肥料，还会造成土壤中不应有的微量元素积累而导致毒害作用的发生。但现在随着国家测土配方施肥技术的不断普及，很多复混厂家加入到了测土配方施肥中来，他们有针对性的生产适合各种土壤、作物的专用配方型复混料，做到了氮、磷、钾、微平衡施肥。

三、复混肥的使用

复混肥的种类很多，不同形式的复混肥各有特点，施用方法也不同，只有合理施用才能发挥复混肥的作用。

（一）复混肥的应用

复混肥可作底肥、追肥和种肥施用，做底肥根据总养分含量不同施用量也不同，总养分含量为43％，配比氮：五氧化二磷：氧化钾＝15：17：11的复混肥做底肥，每公顷玉米田施用400千克，即每公顷地施入氮60千克，磷68千克，钾44千克，复混肥配合有机肥使用效果更加显著。

（二）根据种植制度选择复混肥

不同种植制度对氮、磷、钾三元素以及其后效作用要求不同，如玉米与大豆轮作，每生产100千克玉米籽粒，春玉米氮、磷、钾吸收比例为1：0.3：1.5，在施肥时大多侧重于氮肥的施用，而大豆是喜磷作物，而且能够固氮，在前茬为玉米的情况下，应重视磷肥、钾肥的施用。

（三）根据作物特性选择不同类型、不同品种的复混肥

作物不同，对氮、磷、钾数量和比例要求也不同，要针对作物所需的比例和养分特征选择复混肥。水稻在整个生育期，每生产500千克稻谷，需要吸收12千克氮，6.25千克五氧化二磷和15.5千克氧化钾，其氮：五氧化二磷：氧化钾＝1：0.52：1.29。氮、磷的吸收在各地的变幅很小，分别为10～13.8千克和4～6.45千克，而钾的吸收量各地变化幅度较大，为12～22.3千克。这可能是由于水稻吸钾特性和土壤供钾能力有较大差异所致。所以在水稻施肥上，选择复混肥的配比要符合水稻的需肥规律。还

有些作物如烟草、马铃薯、甜菜等忌氯作物，在施肥时要避免施用含氯的复混肥料。

（四）在施用复混肥时要注意养分的补充

三种复混肥不论哪种形式，氮、磷、钾三元素的比都是相对固定的，因而通用型的复混肥不能完全满足作物对养分的需要，如 45％（15∶15∶15）含量的硫酸钾复混肥用于大豆底肥，尽管其中三种元素都有，但磷相对含量低。因此，必须配合施用磷肥，才能满足大豆的养分需求。

（五）要注意各种复混肥与单质肥之间的酸、碱搭配

任何一种肥料都有酸、碱问题，分别属于碱性、中性、酸性，在施用不同的复混肥时要注意肥料之间的酸、碱搭配，肥料与作物之间的酸、碱搭配。

（六）从合理施肥角度出发，做到配方施肥

复混肥料的生产是基于养分之间的平衡，将农艺配方与工艺配方结合起来。复混肥也不是施得越多越好，而应该达到均衡施用的效果，应与土壤测试、种植作物种类结合起来确定施肥品种、施肥量。

第五节　新型肥料的特性与使用

在 2003 年我国科技部和商务部《鼓励外商投资高新技术产品目录》中，有关新型肥料目录包括：复合微生物接种剂；复合微生物肥料；植物促生菌剂；秸秆、垃圾腐熟剂；特殊功能微生物制剂；控释、缓释新型肥料；生物有机肥料；有机复合肥；植物稳态营养肥料等。

随着施肥技术创新和无公害农业的发展，肥料投入结构发生较大变化，肥料新品种不断涌现。这些新肥料都顺应无公害的发展方向，具有广阔的发展前景。新型肥料的主要作用是：能够直接或间接地为作物提供必需的营养成分；调节土壤酸碱度、改良

土壤结构、改善土壤理化性质和生物学性质；调节或改善作物的生长机制；改善肥料品质和性质或能提高肥料的利用率等。

最近 30 年，发达国家开始重点研究缓/控释肥料、生物肥料、有机复合肥料等对环境友好的新型肥料。

研究新型肥料是一项迫切任务。在农业生产中，化肥在增产中的作用已达 30％～40％。但在化肥利用率上，我国尚处较低水准，氮元素损失率为 30％～50％，同时还带来环境污染等影响。积极采用新技术、新工艺、新装备加速研究和生产适合多种土质、作物的化肥产品，满足高效农业和绿色无公害农业的要求，是我们面临的十分迫切的任务。据预测，2030 年中国化肥需求量可达 6800 万吨，比目前需再增加约 2650 万吨化肥供应量。那么，国家需增加投资约 1500 亿元，每年多耗费外汇 15 亿美元，农民购买化肥需增加 1000 亿元开支。而 2030 年要使全国 1 亿公顷耕地平均施肥水平达 680 千克/公顷，这样的目标很难实现，也是土壤、环境难以承受的。因此，更新观念、打破传统，力争通过研制新型肥料，在不增加或少量增加化肥用量的前提下，通过提高效率，来保证中国的农业安全生产显得愈加重要。中国肥料产业将实施质量替代数量发展战略，使化肥供应量力争控制在每年 5000 万吨以内。

缓/控释肥料、生物肥料和有机复合肥料，是国际上新型肥料研究和开发的热点领域，代表新型肥料的研究和发展方向。下面就缓/控释肥料、微生物肥料、有机复合肥料等新型肥料做以介绍：

一、缓/控释肥料

长期以来，肥料工作者一直希望研制一种肥料，可以依据作物不同生长发育阶段对养分的需求规律，人为地控制养分释放速率，尽量减少氮素养分在土壤中的损失和磷钾在土壤中的固定，尽可能提高肥料利用率，满足现代农业的需求，省时、省力，对土壤和作物无污染。

缓/控释肥料最大的特点是养分释放与作物吸收同步，简化施肥技术，实现一次性施肥满足作物整个生长期的需要，肥料损失少，利用率高，环境友好。世界各国都逐步认识到，提高肥料利用率的最有效措施之一。20世纪80年代以来，美国、日本、欧洲、以色列等发达国家都将研究重点由科学施肥技术转向新型缓/控释肥料的研制，力求从改变化肥自身的特性来大幅度提高肥料的利用率。缓/控释肥料被誉为21世纪肥料产业的重要发展方向。

（一）缓/控释肥料的类型

由于氮肥最易损失，缓/控释肥料价格又较高，所以多数是以氮素为对象研制缓/控释肥料。目前，国际上出现的缓/控释肥主要有以下3种类型：含转化抑制剂类长效肥料、合成有机氮类缓释肥料、包膜（裹）型缓/控释肥料。

1. 含转化抑制剂类长效肥料　应用脲酶抑制剂和硝化抑制剂，减缓尿素的水解和对铵态氮的硝化－反硝化作用，从而减少肥料氮素的损失。

脲酶是在土壤中催化尿素分解成二氧化碳和氨的酶，对尿素在土壤中的转化具有重要作用。20世纪60年代人们开始重视筛选土壤脲酶抑制剂的工作。研究品种有氢醌、N－丁基硫代磷酰三胺、邻－苯基磷酰二胺、硫代磷酰三胺等。

硝化抑制剂与氮肥混合施用，阻止铵的硝化和反硝化作用，减少氮素以硝态和气态氮形态损失，提高氮肥利用率。国外从20世纪50年代开始研制硝化抑制剂，研究的主要产品有吡啶、嘧啶、硫脲、噻唑等的衍生物，以及六氯乙烷、双氰胺等。

由于铵态氮肥本身也可以快速被植物吸收利用。它本身不能延缓肥料的养分释放，更不能控制肥料的养分释放，因此也有人认为这类肥料不能称为缓/控释肥料，常称为稳定态氮肥或者长效肥料。

2. 有机合成微溶态缓释肥料　这类肥料是控缓释肥料品种，

是以化学合成方式合成的有机或无机肥料，使其在水中的溶解度降低，在土壤、水或微生物的作用下，缓慢降解，释放出养分，释放速度由肥料的颗粒大小和土壤微生物活性决定。此类产品主要有脲甲醛、异丁叉二脲、丁烯叉二脲、草酰胺、磷酸镁铵等。该类肥料的养分释放缓慢，能够有效地提高肥料利用率，但是养分释放速度受到土壤水分、pH值、微生物等各种因素的影响，不能人为、较好地控制肥料养分释放速度，肥料成本也较高。

3. 包膜（裹）类缓/控释肥料

（1）无机矿物包衣　包衣材料广泛，如一些无机矿物、磷钾肥、固体废弃物等都可作为包衣材料，包衣率为 20%～60%。优点：包衣工艺简单，成本较低，包衣材料来源广泛，包衣材料可能有其他营养成分或作用。缺点：养分释放较快，特别在水田或淋溶较严重地区，缓释和控释效果较差。

（2）硫包衣　是控缓释肥料品种。设备要求较高，工艺较复杂，有利于缺硫土壤，控释效果不如树脂包衣。

（3）聚烯烃树脂包衣（树脂包衣）　是控缓释肥料品种。控释效果较好，控释时间最长可达 3 年。包衣率为 6%～15%，一般提高当季利用率 30%～40%。优点：控释缓释效果显著，肥料养分利用率较高，可一次施肥，可与磷肥混合储存，不吸潮板结。缺点：对加工设备要求较高，工艺复杂，成本较高，但有废旧材料可以利用。

（二）缓/控释肥料施用特点

通常缓释/控释肥可比普通氮肥利用率提高 10%～30%。减少施肥量 15%～20%，节省施肥用工 25%以上，肥效期延长90～120 天，基本上能满足我国南方农作物在整个生长期对养分的需求。大量的室内和田间试验表明，多种控释肥品种在水中和土壤中的控释时间和释放模式已达到了可控释放的具体要求和标准。其释放速率主要受温度和水分条件的控制，并可根据不同作物的需要进行释放高峰和施肥时间的调整。在多种作物上的盆栽和田间试验均已表明，可提高氮肥利用率 30%～50%以上。在作物相同产量的情况下可以减少 33%～50%以上的肥料施用量。实现作物一次性施肥，不用追肥，简化了农业种植和耕作方式，经济效益高，省工省时，农业劳动生产效率得到更大的提高，还减少了挥发、淋失和反硝化作用，减少了施肥对环境造成的污染。

缓/控释肥料施用特点主要是：

1. 当年生作物可一次性施肥，不必追肥。

2. 可与作物进行接触施肥，不烧苗，大幅提高肥料利用率（水稻育秧）。

3. 最好用于高湿热地区，用于需肥时期较长作物。

4. 用于肥力水平较低，漏水漏肥严重地区，可拉开与普通肥料差距。

5. 用于不同条件地区和作物时，选用不同释放时间和配比的肥料。

6. 根据肥料和作物的生育特性，采用不同耕作和施肥方式，提高肥料利用率。

7. 包衣尿素与磷钾肥料掺混，不会发生潮解现象，易于保存。

（三）缓/控释肥料的应用

世界缓释和控释肥的消耗总量大约是 65 万吨/年，美国是最大的消费国，约占世界总用量的 70%，日本和欧洲各占 15%左右。在日本，大多数控释和缓释肥用在农业上，主要是种植蔬菜、水稻和水果，仅一小部分用于草坪和观赏园艺。在美国和欧洲，约占总量的 90%用于高尔夫球场、苗圃、专业草坪和景观园艺，仅有 10%用于农业，如蔬菜、瓜果、草莓、柑橘和其他水果上。用在农业上的大多数是包膜控释肥（占 65%～75%），聚合物包膜控释肥的应用有明显稳定增长的趋势。

二、微生物肥料

微生物肥料是指含有活性微生物的特定制品，应用于农业生产中，能够获得特定的肥料效应。在这种效应的产生中，制品中的活性微生物起关键作用，符合上述规定的制品属微生物肥料。将微生物肥料用在种子、土壤上，可增进土壤肥力，协助植物吸收营养，增强植物抗病及抗旱能力，节约能源，降低生产成本，减少环境污染。

微生物肥料的种类很多，按制品中特定的微生物种类分为细菌肥料（如根瘤菌肥料、固氮菌肥料）、放线菌肥料（如抗生菌类）、真菌肥料（如菌根真菌）等；按其作用机理分为根瘤菌肥料、固氮菌肥料、磷细菌肥料、硅酸盐细菌肥料等；按其制品内含有的微生物种类分为单纯微生物肥料和复合微生素肥料。

根瘤菌肥料是指用于豆科作物接种，使豆科作物结瘤、固氮的接种剂。使用方法多为拌种，即在豆科作物种植之前，将根瘤菌肥拌在种子上以促进共生固氮，达到增产的目的。

固氮菌肥料是以能够自由生活的固氮的微生物肥料为菌种生产出来的固氮菌肥料。固氮菌适用于各种作物，特别是禾本科作物和蔬菜中的叶菜类作物，可做基肥、追肥和种肥。与有机肥、磷肥、钾肥和微量元素肥料配合施用，对固氮菌的活性有促进作用。

磷细菌肥料是能把土壤中难常溶性的磷转化为作物能利用的有效磷素营养，又能分泌激素刺激作物生长的活体微生物制品。磷细菌肥可以用作基肥、追肥和种肥（浸种、拌种），具体施用量以产品说明为准。

硅酸盐细菌肥料是指在土壤中通过硅酸盐细菌的生命活动，增加植物营养元素的供应量，刺激作物生长，抑制有害微生物活动，对作物有一定的增产效果的微生物制品。硅酸盐细菌肥可以作基肥、追肥、拌种或蘸根用。

复合（或复混）微生物肥料是为了提高接种效果或显示接种效果，将两种或两种以上的微生物或一种微生物与其他营养物质复配而成的制品。

三、有机复合肥料

有机复合肥料是在充分腐熟、发酵好的有机物中加入一定比例的化肥，充分混匀并经工艺造粒而成的复混肥料，主要功能成分为有机物、氮磷钾养分。一般有机物含量20%以上，氮磷钾总养分20%以上。由于它能同时提供有机养分和无机养分，肥效速缓相济，优势互补，能减少无机养分的固定和淋失，提高化肥利用率，有利于土壤改良，提高农产品的品质及产量，减轻环境污染，解决了现有农田因使用化学物质后，土壤的自然肥力随着每年连续施用化学物质而显著下降，导致每年为保持高产而必须逐渐加大化学肥料的施用量，从而保证了我国农业可持续发展。目前有机复合肥料广泛用于果、菜等经济作物和保护地栽培。

第六节　有机肥的特性与使用

俗话说："农家肥，是个宝，庄稼丰收少不了。"这里所说的农家肥，即是有机肥，有机肥料是指含有大量有机物质的肥料。我国资源丰富，有机肥种类繁多。有机肥料按相同或相似的产生环境或施用条件，类似的性质功能和积制方法分为：粪尿肥、堆沤肥、秸秆肥、绿肥、土杂肥、饼肥、海肥、泥炭、农用城镇废弃物、沼气肥等十大类。

我国农民有施用有机肥的传统，十分重视有机肥的使用。美国、日本等发达国家，十分重视使用有机肥料，并把有机肥料规定为生产绿色食品的主要肥源。现代研究表明，有机肥料不仅含有氮、磷、钾、钙、镁、硫、硼、铁、锰、钼、锌等农作物必需的营养元素，还含有能被作物吸收利用的各种氨基酸等有机营养，还含有维生素和生物活性物质（活性酶、糖类等），以及多种有益微生物（固氮菌、氨化菌、纤维素分解菌、硝化菌等），是养分最全的天然复合肥。施用有机肥料不但可以供给作物营养，还可以改善土壤物理、化学和生物特性，熟化土壤、培肥地力。有机肥施用历来是我国传统的农业增产措施。

为了农业的可持续发展，发展生态型农业，实现用地和养地相结合，保持地力常新，全面提高地力水平，提高粮食单产，增施有机肥是非常关键的措施。

一、有机肥料在农业生产中的作用

目前，测土配方施肥是粮食增产、农业增效、农民增收的重要措施之一。测土配方施肥要同时达到发挥土壤供肥力和培肥土壤两个目的，仅仅依靠化肥是做不到的，必须增施有机肥料。有机肥的养分均衡，资源丰富，但也存在脏、臭、不卫生，养分含量低、肥效慢、使用不方便等缺点。无机肥料正好与之相反，具有养分含量高，肥效快，使用方便等优点，但也存在养分单一的不足。因此，有机肥料与化学肥料相配合施用，可以取长补短、缓急相济，充分发挥其效益，

从农业生产物质循环的角度看，作物的产量愈高，从土壤中获得的养分愈多，需要以施肥形式，特别是以化肥补偿土壤中的养分。随着化肥施用量的日益增加，肥料结构中有机肥的比例相对下降，农业增产对化肥的依赖程度愈来愈大。在一定条件下，施用化肥的当季增产作用确实很大，但随着单一化肥施用量的逐渐增加，土壤有机质消耗量也增大，造成土壤团粒结构分解，协调水、肥、气、热的能力下降，土壤保肥、供肥性能变差，将会出现新的低产田。这样，土壤增施有机肥就尤为重要。

1. 施用有机肥，改良土壤、培肥地力 有机肥料中的主要物质是有机质，施用有机肥料增加了土壤中的有机质含量。有机质可以改良土壤物理、化学和生物特性，熟化土壤，培肥地力。农村的"地靠粪养、苗靠粪长"的谚语，在一定程度上反映了施用有机肥料对于改良土壤的作用。施用有机肥料既增加了许多有机胶体，同时借助微生物的作用把许多有机物分解转化成有机胶体，这就大大增加了土壤吸附表面积，并且产生许多胶黏物质，使土壤颗粒胶结起来变成稳定的团粒结构，提高了土壤保水、保

肥和透气的性能。

施用有机肥料，可以提高土壤活性和生物繁殖转化能力，还可使土壤中的微生物大量繁殖，特别是许多有益的微生物，如固氮菌、氨化菌、纤维素分解菌、硝化菌等。有机肥料中有动物消化道分泌的各种活性酶，以及微生物产生的各种酶，这些物质施到土壤后，可大大提高土壤的酶活性，从而提高土壤的吸收性能、缓冲性能和抗逆性能。

2. 施用有机肥，增加作物产量，改善农产品品质 有机肥料含有植物所需要的大量营养成分，如功能性微生物和各种微量元素、糖类和脂肪等。据分析，猪粪中含有全氮 2.91％、全磷 1.33％、全钾 1％，有机质 77％。畜禽粪便中含硼 21.7～24 毫克/千克，锌 29～290 毫克/千克，锰 143～261 毫克/千克，钼 3～4.2 毫克/千克，有效铁 29～290 毫克/千克，可以对作物生长起到营养、调理和保健作用。有机肥的施入，相对减少了化肥的施入量，这样就相应地减少了农产品中硝酸盐的含量。试验证明，有机肥可使蔬菜硝酸盐含量大幅度降低，氮、磷、钾含量提高 5％～20％，维生素 C 增加，总酸减少，还原糖增加，糖酸比提高，特别是对番茄、白菜、黄瓜等能明显改善生食部分的品味。施用有机肥后，农产品叶色鲜嫩，滋味甘美，更好吃了。在产量上，据玉米施肥试验表明，单施无机化肥处理、单施有机肥处理和有机无机肥料配合处理，都能有效地增加玉米的产量，而且产量随施肥量增加而增加。其中有机无机肥料配合施用的处理，作物产量均明显高于单施化肥和单施有机肥处理。单施有机肥平均年产量比对照增产 54.7％～107.7％，而有机无机肥料配合施用，平均产量比对照增产 130.8％～153.3％。这说明，有机无机肥料配合施用是实现高产稳产的重要途径。

3. 施用有机肥，提高化肥利用率，增加土壤的缓冲性能 有机肥料除了供给作物多种养分外，更重要的是更新和积累土壤有机质，而且可以供给土壤微生物以氮、磷、钾等养分，以及维生素和生长激素等，促进土壤微生物活动，有利于形成土壤团粒结构，协调土壤中水、肥、气、热等肥力因素，增强土壤保肥、供肥能力，为作物高产优质创造条件。如有机肥与过磷酸钙或过磷酸镁肥等混合，可以促进土壤中自生固氮菌的生长，增加作物氮素营养。同时，化肥与有机肥混合后，化肥可以被有机肥料吸收保蓄，减少流失，提高化肥利用率。此外，土壤增施有机肥料，可以减少化肥的投入，减少生产成本。

有机肥与无机肥配合施入后，有机肥所含养分较全，肥效稳而长，能提高土壤有机质含量，改善土壤理化性质，增强土壤酶活性，有利于养分转化，增加作物营养，在提高化肥利用率的同时，减少化肥可能产生的某些不利的副作用。在单独施用较大量化肥或化肥施用不均时，土壤溶液浓度高，影响作物吸水，甚至伤根，如与有机肥料混合施用，可以增加土壤的缓冲性能，对外来酸碱及有毒物质具有缓冲能力，即使是使用除草剂和一些农药不当产生药害时，增施有机肥料的地块可以缓解或者减轻药害。

4. 有机肥料是生产绿色食品的主要肥源 有机肥料含有丰富的有机物和各种营养元素，能够增进自然体系和生物循环利用，使足够数量的有机物返回土壤中，用于保持和增加土壤有机质，土壤肥力和土壤生物活性，而且具有数量大、来源广、养分全面等优点。化学氮肥的利用率只有30%左右，大约70%的氮素随地表径流等途径损失了。化学磷肥、钾肥的利用也只有35%左右。因此，化肥对环境的污染是相当严重的。反映在地表水的氮、磷养分富集，地下水及食品中的硝酸盐超标等。要防止化肥的污染，又要保证作物高产，关键在于大量增加有机肥用量，合理控制化肥施用量，调节氮肥、磷肥、钾肥比例，实行化肥深施等措施。

二、增施有机肥的方法

增施有机肥，可以利用秸秆直接还田、沤制腐熟还田、畜禽粪便优化处理还田等方法，达到用地养地相结合、肥地增产的目的。

（一）秸秆直接还田

秸秆直接还田不仅能够提高土壤肥力，供给作物营养，而且还可以防止秸秆田间焚烧后对土壤的损坏和对环境的污染，又能节省劳力和运输费用。秸秆直接还田要掌握几点：

1. 秸秆直接还田要配合施用氮肥、磷肥　因为秸秆的碳氮比较大，如果土壤氮素不足，分解初期往往会使作物缺氮。所以应配合施用适量氮肥，对缺磷的土壤则应配合施用适量速效磷肥。

2. 还田方法　作物秸秆最好采用反转灭茬机或圆盘耙粉碎后翻耕，翻耕时使秸秆与土壤充分混合，以利腐解，也可以采用秸秆直接覆盖于作物苗床、行间，便于保墒、保温。留高茬更是简单易行的好方式。

3. 还田时间　若是翻埋，一般在作物收割后立即将秸秆耕翻入土，尽量减少水分损失，以利腐解，其他方式则视作物与田间情况、收获时间而定。

4. 秸秆还田量　一般翻压量每 667 平方米 2300 千克左右，要根据土壤肥力、氮肥量以及距离播期远近酌情增减。

（二）高温沤制还田

高温雨季，利用秸秆、绿草、杂草等进行高温堆肥，添加腐化剂、催化剂等效果更好。整地时作为底肥施入农田，一般每667 平方米 4～5 立方米。

（三）畜禽粪便优化处理

畜禽粪便经过优化处理是很好的养分全、肥效长的有机肥。在处理过程中要提高科技含量，既杀菌，又消除污染。

有机、无机配合施肥，是配方施肥的基础，施肥原则和方法要依据不同的土壤、作物、肥料品种，按照科学的方法配合施用。大力推广增施有机肥，做到有机、无机配合施肥是实现农业可持续发展的需要，也是发展绿色生态农业的需要。

第六章　肥料的标识和鉴别

吉林省肥料市场纷繁复杂，化肥品种有 $200\sim300$ 个，这给农民提供了广阔的选择空间，同时也给农民在选择化肥品种上增加了一定的难度，大多数农民选择不到配方适合的化肥品种，有时买到的是假劣化肥。为了避免这种情况的发生，对怎样识别和鉴别化肥作以说明。

一、肥料识别所应掌握的化肥商品标识的相关知识

化肥商品的标识是指以文字、符号、图案以及其他说明物来识别标称的化肥商品的质量、数量等特征的一种方式，我国已于 2001 年制定了国家标准（GB18382－2001），其使用范围包括全部商品肥料。

（一）基本原则

1. 标识所注明的所有内容，必须符合国家法律和法规的规定，并符合相应产品标准的规定。

2. 标识所注明的所有内容，必须准确、科学、通俗易懂。

3. 标识所注明的所有内容，不得以错误的、引起误解的或欺骗性的方式描述或介绍肥料。

4. 标识所注明的所有内容，不得以直接或间接暗示性的语言、图形、符号导致用户将肥料或肥料的某一性质与另一肥料产品混淆。

（二）一般要求

标识所标注的所有内容，应清楚并持久地印刷在统一的并形成反差的基底上。

1. 文字　标识中的文字应使用规范文字，可以同时使用少数民族文字、汉语拼音及外文（养分名称可以用化学元素符号或分子式表示），汉语拼音和外文字体应小于相应汉字和少数民族文字；应使用法定计量单位。

2. 图示　应符合 GB190 和 GB191 的规定。

3. 颜色　使用的颜色应醒目、突出，易使用户特别注意并能迅速识别。

4. 耐久性和可用性　直接印在包装上，应保证在产品的可预计寿命期内的耐久性，并保持清晰可见。

5. 标识的形式　分为外包装标识、合格证、质量证明书、说明书及标签等。

（三）标识内容

1. 肥料名称及商标

（1）应标明国家标准、行业标准已经规定的肥料名称。对商品名称或者特殊用途的肥料名称，可在产品名称下以小 1 号字体予以标注。

（2）国家标准、行业标准对产品名称没有规定的，应使用不会引起用户、消费者误解和混淆的常用名称。

（3）产品名称不允许添加带有不实、夸大性质的词语，如"高效""肥王""全元素肥料"等。

（4）企业可以标注经注册登记的商标。

2. 肥料规格、等级和净含量

（1）肥料产品标准中已规定规格、等级、类别的，应标明相应的规格、等级、类别。若仅标明养分含量，则视为产品质量全项技术指标符合养分含量所对应的产品等级要求。

（2）肥料产品单件包装上应标明净含量。净含量标注应符合《定量包装商品计量监督规定》的要求。

3. 养分含量　应以单一数值标明养分的含量。

（1）单一肥料应标明单一养分的百分含量。

（2）复混肥料（复合肥料）。第一，应注明氮、五氧化二磷、氧化钾总养分的百分含量，总养分标明值应不低于配合式中单养分标明值之和，不得将其他元素或化合物计入总养分。第二，应以配合式分别标明总氮、有效五氧化二磷、氧化钾的百分含量，如氮、磷、钾复混肥料 15－15－15。二元肥料应在不含单养分的位置标以"0"，如氮、钾复混肥料 15－0－15。第三，若加入中量元素、微量元素，可不在包装和质量证明书上标明（有国家标准或行业标准规定的除外）。

（3）中量元素肥料。第一，应分别单独注明各中量元素养分含量及中量元素养分含量之和。含量小于 2％的单一中量元素不得标明。第二，若加入微量元素，可标明微量元素，应分别标明各微量元素的含量及总含量，不得将微量元素含量与中量元素相加。

（4）微量元素肥料应分别标出各种微量元素的单一含量及微量元素养分含量之和。

（5）其他肥料参照单一肥料和复混肥料执行。

4. 其他添加物含量

（1）若加入其他添加物，可标明其他添加物，应分别标明各添加物的含量及总含量，不得将添加物含量与主要养分相加。

（2）产品标准中规定需要限制并标明的物质或元素等应单独标明。

5. 生产许可证编号　对国家实施生产许可证管理的产品，应标明生产许可证的编号。

6. 生产者或经销者的名称、地址　应标明经依法登记注册并能承担产品质量责任的生产者或经销者的名称、地址。

7. 生产日期或批号　应在产品合格证、质量证明书或产品外包装上，标明肥料产品的生产日期或批号。

8. 肥料标准

（1）应标明肥料产品所执行的标准编号。

（2）有国家或行业标准的肥料产品，如标明标准中未有规定的其他元素或添加物，应制定企业标准，该企业标准应包括所添加元素或添加物的分析方法，并应同时标明国家标准（或行业标准）和企业标准。

（四）标签

1. 黏贴标签及其他相应标签　如果肥料盛装物的尺寸及形状允许，标签的标识区最小应为120厘米×70厘米，最小文字高度至少为3厘米，其余应符合"肥料标识、内容与要求"国家标准（GB18382—2001）之规定。

2. 系挂标签　系挂标签的标识区最小应为120厘米×70厘米，最小文字高度至少为3厘米。

（五）质量认证书或合格证

应符合GB/T14436的规定。

二、肥料鉴别的注意事项

（一）从包装上鉴别

1. 检查标志　国家有关部门规定，化肥包装袋上必须注明产品名称、养分含量、等级、商标、净重、标准代号、厂名、厂址、生产许可证号、产品标准证号及登记证号等标志；如果上述标志没有或不完整、标识字体不清晰，可能是假化肥或劣质化肥。

2. 包装　包装上必须注明水溶性磷、速效钾的百分率及是否含氯，包装袋上必须印上详细的使用说明。

3. 检查包装袋封口　对检查包装袋封口有明显拆封痕迹的化肥要特别注意，这种化肥有可能掺假。

（二）从形状和颜色上鉴别

1. 尿素　白色或淡黄色，呈颗粒状、针状或棱柱状结晶。

2. 硫酸铵　白色晶体。

3. 碳酸氢铵　呈白色或其他粉末或颗粒状结晶，个别厂家生产大颗粒扁球状碳酸氢铵。

4. 氯化铵　白色或淡黄色结晶。

5. 硝酸铵　白色粉状结晶或白色、淡黄色球状颗粒。

6. 氨水　无色或深色液体。

7. 石灰氮　灰黑色粉末。

8. 过磷酸钙　灰白色或浅肤色粉末。

9. 重过磷酸钙　深灰色、灰白色颗粒或粉末状。

10. 重过磷肥　灰褐色或暗绿色粉末。

11. 钙镁钾肥　灰褐色或暗绿色粉末。

12. 磷矿粉　灰色、褐色或黄色细雨末。

13. 硝酸磷肥　灰白色颗粒。

14. 硫酸钾　白色晶体或粉末。

15. 氯化钾　白色或淡红色颗粒。

16. 磷酸二铵　白色或淡黄色颗粒。

（三）从气味上鉴别

有强烈的刺鼻味的液体是氨水；有明显刺鼻氨味的细粒是碳酸氢铵；有酸味的细粉是重过磷酸钙；有特殊腥臭味的是石灰氮。如果过磷酸钙有刺鼻的怪酸味，则说明生产过程中很可能使用了废硫酸，这种劣质化肥有很大的毒性，极易损伤或烧死作物。

（四）加水溶解鉴别

取化肥 1 克，放于干净的玻璃管（玻璃杯或白瓷碗）中，加入 10 毫克蒸馏水（或干净的凉开水），充分摇动，看其溶解的情况，全部溶解的是氮肥或钾肥，溶于水但有残渣的是过磷酸钙，溶于水无残渣或残渣很少的是重过磷酸钙，溶于水但有较大氨味的是碳酸氢铵，不溶于水，但有气泡产生并有电石气味的是石灰氮。

（五）灼烧鉴别法

取一小勺化肥放在烧红的木炭上，剧烈地燃烧，仔细观察情况，冒烟起火，有氨味的是硝酸铵；爆响，无氨味的是氯化钾；无剧烈反应，有氨味的是尿素和氯化铵；加点硫酸铵而无氨味的是磷矿粉。

（六）化验定性鉴别

区分鉴别过磷酸钙和钙镁磷肥时，将两种肥料取出少许，溶于少量蒸馏水中，用 pH 广泛试纸识别，呈酸性的是过磷酸钙，呈中性的是钙镁磷肥。

区分鉴别氯化钾和硫酸钾时，加入 5％的氯化钡溶液，产生白色沉淀的为硫酸钾；加入 1％硝酸银时，产生白色絮状物的为氯化钾。

值得注意的是有些肥料虽然是真的，但含量很低，如过磷酸钙有效磷含量低于 8％（最低标准应达 12％），则属于劣质化肥，对作物肥效不大。如果遇到这种情况，可采集一些样品（500 克左右），送到当地有关农业、化工或标准部门鉴定。

三、在购买肥料时应该注意的问题

某些经销商为了达到促销的目的，存在误导消费者的现象：

1. 以低含量化肥充当高含量化肥。

2. 以本不含有长效剂和缓释剂的一次性化肥充当含有长效剂和缓释剂的化肥。

3. 以含氯型化肥品种充当含硫型化肥品种。

4. 更有甚者，以只含有机质或腐殖酸的肥料充当含氮、磷、钾大量元素的化肥。

扫码解锁
◎AI实践导师 ◎在线阅读
◎技术指导 ◎政策解读